数据科学与大数据技术专业核心教材体系建设——建议使用时间

学期					
四年级上		分布式系统与云计算		自然语言处理 信息检索导论	
三年级下	计算理论导论	编译原理 计算机网络	非结构化大数据分析	模式识别与计算机视觉 智能优化与进化计算	信息内容安全
三年级上	数据结构与算法Ⅱ	并行与分布式计算	大数据计算智能 数据库系统概论	网络群体与市场 人工智能导论	密码技术及安全 程序设计安全
二年级下	离散数学	计算机系统基础Ⅱ	数据科学导论		
二年级上	数据结构与算法Ⅰ	计算机系统基础Ⅰ			
一年级下	程序设计Ⅱ				
一年级上	程序设计Ⅰ				

面向新工科专业建设计算机系列教材

大数据分析

基础及应用案例 微课版

主 编
孙 青

副主编
谭 峤 王 祎

清華大學出版社
北京

内 容 简 介

本书是一本全面介绍大数据分析理论基础、方法、技术及其应用实践的专业书籍，以数据分析的基础理论为出发点，详细阐述了数据采集、清洗、预处理、探索性数据分析等前期准备工作，为读者揭示了数据分析的全过程和方法论。

本书着重介绍线性回归、逻辑回归、决策树、随机森林、神经网络等常用的数据分析方法，并通过 TensorFlow 等工具的应用，展示如何在实际项目中应用这些技术进行数据挖掘和预测分析。此外，作者还精选了金融、电商、物流等行业的大数据分析案例，详细讲解了从数据处理到模型构建，再到结果解释的完整流程，旨在帮助读者深入理解大数据分析在不同领域的应用场景和价值。

本书适合数据科学、金融科技、电子商务、物流等相关专业的学生和教师，以及对数据分析感兴趣的企业管理人员和技术开发人员阅读。本书内容丰富、案例实用、理论与实践相结合，是进入大数据分析领域不可多得的参考书籍。

图书在版编目（CIP）数据

大数据分析基础及应用案例 ：微课版 / 孙青主编. -- 北京 ：清华大学出版社，2025. 1.
（面向新工科专业建设计算机系列教材）. -- ISBN 978-7-302-68095-6

Ⅰ. TP274

中国国家版本馆 CIP 数据核字第 2025260JZ2 号

责任编辑：白立军　薛　阳
封面设计：刘　键
责任校对：申晓焕
责任印制：宋　林

出版发行：清华大学出版社
网　　址：https://www.tup.com.cn，https://www.wqxuetang.com
地　　址：北京清华大学学研大厦 A 座　　**邮　　编**：100084
社 总 机：010-83470000　　**邮　　购**：010-62786544
投稿与读者服务：010-62776969，c-service@tup.tsinghua.edu.cn
质量反馈：010-62772015，zhiliang@tup.tsinghua.edu.cn
课件下载：https://www.tup.com.cn，010-83470236
印 装 者：三河市龙大印装有限公司
经　　销：全国新华书店
开　　本：185mm×260mm　**印　张**：10.5　**插　页**：1　**字　数**：226 千字
版　　次：2025 年 1 月第 1 版　　**印　　次**：2025 年 1 月第1 次印刷
定　　价：49.00 元

产品编号：107231-01

出版说明

一、系列教材背景

人类已经进入智能时代，云计算、大数据、物联网、人工智能、机器人、量子计算等是这个时代最重要的技术热点。为了适应和满足时代发展对人才培养的需要，2017年2月以来，教育部积极推进新工科建设，先后形成了"复旦共识""天大行动""北京指南"，并发布了《教育部高等教育司关于开展新工科研究与实践的通知》《教育部办公厅关于推荐新工科研究与实践项目的通知》，全力探索形成领跑全球工程教育的中国模式、中国经验，助力高等教育强国建设。新工科有两个内涵：一是新的工科专业；二是传统工科专业的新需求。新工科建设将促进一批新专业的发展，这批新专业有的是依托于现有计算机类专业派生、扩展而成的，有的是多个专业有机整合而成的。由计算机类专业派生、扩展形成的新工科专业有计算机科学与技术、软件工程、网络工程、物联网工程、信息管理与信息系统、数据科学与大数据技术等。由计算机类学科交叉融合形成的新工科专业有网络空间安全、人工智能、机器人工程、数字媒体技术、智能科学与技术等。

在新工科建设的"九个一批"中，明确提出"建设一批体现产业和技术最新发展的新课程""建设一批产业急需的新兴工科专业"。新课程和新专业的持续建设，都需要以适应新工科教育的教材作为支撑。由于各个专业之间的课程相互交叉，但是又不能相互包含，所以在选题方向上，既考虑由计算机类专业派生、扩展形成的新工科专业的选题，又考虑由计算机类专业交叉融合形成的新工科专业的选题，特别是网络空间安全专业、智能科学与技术专业的选题。基于此，清华大学出版社计划出版"面向新工科专业建设计算机系列教材"。

二、教材定位

教材使用对象为"211工程"高校或同等水平及以上高校计算机类专业及相关专业学生。

三、教材编写原则

(1) 借鉴 *Computer Science Curricula* 2013(以下简称 CS2013)。CS2013 的核心知识领域包括算法与复杂度、体系结构与组织、计算科学、离散结构、图形学与可视化、人机交互、信息保障与安全、信息管理、智能系统、网络与通信、操作系统、基于平台的开发、并行与分布式计算、程序设计语言、软件开发基础、软件工程、系统基础、社会问题与专业实践等内容。

(2) 处理好理论与技能培养的关系,注重理论与实践相结合,加强对学生思维方式的训练和计算思维的培养。计算机专业学生能力的培养特别强调理论学习、计算思维培养和实践训练。本系列教材以"重视理论,加强计算思维培养,突出案例和实践应用"为主要目标。

(3) 为便于教学,在纸质教材的基础上,融合多种形式的教学辅助材料。每本教材可以有主教材、教师用书、习题解答、实验指导等。特别是在数字资源建设方面,可以结合当前出版融合的趋势,做好立体化教材建设,可考虑加上微课、微视频、二维码、MOOC 等扩展资源。

四、教材特点

1. 满足新工科专业建设的需要

系列教材涵盖计算机科学与技术、软件工程、物联网工程、数据科学与大数据技术、网络空间安全、人工智能等专业的课程。

2. 案例体现传统工科专业的新需求

编写时,以案例驱动,任务引导,特别是有一些新应用场景的案例。

3. 循序渐进,内容全面

讲解基础知识和实用案例时,由简单到复杂,循序渐进,系统讲解。

4. 资源丰富,立体化建设

除了教学课件外,还可以提供教学大纲、教学计划、微视频等扩展资源,以方便教学。

五、优先出版

1. 精品课程配套教材

主要包括国家级或省级的精品课程和精品资源共享课的配套教材。

2. 传统优秀改版教材

对于已经出版、得到市场认可的优秀教材,由于新技术的发展,计划给图书配上新的教学形式、教学资源的改版教材。

3. 前沿技术与热点教材

反映计算机前沿和当前热点的相关教材,例如云计算、大数据、人工智能、物联网、网络空间安全等方面的教材。

六、联系方式

联系人：白立军

联系电话：010-83470179

联系和投稿邮箱：bailj@tup.tsinghua.edu.cn

面向新工科专业建设计算机系列教材编委会

2019年6月

面向新工科专业建设计算机系列教材编委会

FOREWORD

前言

在这个数据驱动的时代，大数据不再是一个新鲜词汇，而是成为推动商业、科技甚至社会进步的关键力量。无论是在金融市场的决策制定、电商行业的消费者行为分析，还是在物流管理的效率优化中，大数据分析的身影无处不在。正是在这样的背景下，我们认识到编写一本关于大数据分析基础及其应用案例的书籍的重要性和迫切性。希望通过本书，为读者提供一个全面的、系统的关于大数据分析的学习资源，不仅介绍理论基础，更重要的是通过实际案例来展示这些理论在实践中的应用。

本书的主要目的是为大数据分析领域的学生、教师、研究人员以及实际应用中的专业人士提供一个全面的指南。我们的目标不仅是介绍大数据分析的理论和方法，更是希望读者能够通过学习，掌握如何将这些理论和方法应用于解决实际问题。本书力求使读者能够理解和掌握数据分析的基本概念、方法论、常用的分析工具和技术，以及它们在不同行业中的应用场景。

本书共分为5章，系统地介绍了从数据分析的基础理论、数据处理技术，到具体的分析方法如线性回归、逻辑回归、神经网络等，再到如何在金融、电商、物流等不同行业中应用这些技术。每章都配有精选的案例分析，通过实际问题的解决过程，帮助读者深入理解和掌握每种技术和方法的应用。

本书最大的特色在于它紧密结合理论与实践，特别是通过详细的应用案例，使理论知识和技术方法得到具体的应用展示。此外，本书还介绍了当前最前沿的数据分析工具和平台，如TensorFlow、XGBoost等，帮助读者了解并掌握数据分析的最新技术动态。我们还特意加入了数据分析过程中的实际问题和挑战讨论，以及如何应对这些问题的策略和方法，使本书内容更加贴近实际，具有很强的指导意义和应用价值。

本书既适合作为高等院校数据科学、金融科技、电子商务、物流等相关专业的教材,也适合数据分析师、业务分析师等专业人士作为自学参考。建议读者首先从第1章开始,逐步深入,按部就班地掌握数据分析的基本理论和方法。在阅读应用案例时,读者可以尝试自己动手实践,通过解决实际问题来加深理解和记忆。

在此,衷心感谢参与本书编写和审阅的所有同事,以及清华大学出版社的编辑们,正是由于他们的辛勤工作和宝贵意见,本书才得以完善。同时,特别感谢山东众志电子有限公司为本书提供部分案例支持。希望本书能够成为读者学习和应用大数据分析不可或缺的良伴。

编　者

2024年9月

CONTENTS

目录

第1章

数据分析基础

1.1 数据分析概述

1.1
视频讲解

1.1.1 数据分析的概念

在数字化时代，数据成为组织和个人最宝贵的资产之一。从消费者的购买行为到股市的波动，从物流运输的效率到社交媒体上的趋势，数据无处不在，也无所不能。但数据本身的价值在于能够通过分析转换为可行的洞察和知识，这正是数据分析发挥作用的舞台。

数据分析的起源可以追溯到统计学的发展。早在20世纪初，统计学就已被应用于社会科学、生物学和经济学等领域。随着计算机技术的发展和数据收集能力的增强，数据分析的应用范围和深度不断扩大。进入21世纪，互联网的普及和移动设备的广泛使用促使数据量呈指数级增长，这促进大数据分析技术的发展和应用，为数据分析开启新的篇章。

数据分析是使用统计学、算法和技术手段对数据集进行检查、清洗、转换和建模的过程，目的在于发现有用信息、提出结论并支持决策制定。数据分析可以分为描述性分析、探索性分析、推断性分析和预测性分析等类型，涵盖从基本的数据处理到复杂的数据挖掘和机器学习技术。

数据分析具有以下特征。

（1）多样性：数据分析处理的数据类型多样，包括结构化数据、非结构化数据和半结构化数据。

（2）目标性：数据分析始终围绕特定目标进行，如市场趋势预测、用户行为分析或运营效率优化。

（3）复杂性：数据分析过程涉及复杂的技术和方法，包括数据清洗、特征工程、模型建立和结果解释等。

（4）动态性：随着业务需求的变化和数据环境的发展，数据分析方法和工具也在不断进化。

数据分析的重要性体现在以下几个方面。

（1）驱动决策：数据分析提供基于事实的洞察，帮助企业在市场营销、产品开发、供应链管理等方面做出更加明智的决策。

(2) 优化操作：通过分析运营数据，企业可以识别效率低下的环节，优化流程和资源配置，提高运营效率。

(3) 增强竞争力：数据分析能够揭示行业趋势和消费者偏好，为企业提供竞争优势，实现精准营销和产品创新。

(4) 风险管理：在金融行业，数据分析是风险管理的核心工具，用于评估和预测信贷风险、市场风险和操作风险。

(5) 提升客户体验：电商和物流行业通过分析客户数据和反馈，能够提供个性化的服务和产品，增强客户满意度和忠诚度。

随着技术的发展和数据量的爆炸性增长，数据分析在金融、电商、物流等行业中的应用日益广泛和深入。企业需要不断提高数据分析能力，以适应竞争激烈和快速变化的市场环境。未来，数据分析将更加依赖人工智能和机器学习技术，不断提高分析的精度、效率和自动化水平，为企业创造更大的价值。

1.1.2 数据分析流程与方法论

数据分析不是一个孤立的活动，而是一系列有序、相互关联的步骤组成的过程。了解这一流程对于在各个行业中有效应用数据分析技术至关重要。此外，遵循成熟的方法论不仅可以提高分析的效率，还能确保分析结果的可靠性和有效性。

数据分析的核心流程如下。

(1) 定义问题。

在任何数据分析项目开始之前，首要步骤是明确分析目标，即确定要解决的问题。这一步骤要求分析师与项目利益相关者进行深入讨论，确保问题定义既明确又具有可行性。在金融领域，可能的问题定义包括风险评估、市场趋势预测等；在电商领域，问题可能关注消费者行为分析、销售预测等；而在物流行业，则可能是优化运输路线、降低物流成本等。

(2) 数据收集。

明确问题定义后，下一步是收集相关数据。这可能包括内部数据(如销售记录、客户交易数据)和外部数据(如社交媒体数据、行业报告)。金融分析师可能关注市场数据、交易数据等；电商领域的分析师则可能收集用户行为数据、产品数据等；物流分析则需考虑运输成本数据、仓库数据等。

(3) 数据清洗和预处理。

收集到的数据往往是不完整、不一致或含有错误的。数据清洗和预处理步骤旨在修正这些问题，包括处理缺失值、异常值，以及数据格式化等，确保数据质量满足分析要求。

(4) 数据分析。

数据清洗后，接下来是数据分析阶段，分析师将运用统计学方法、机器学习算法等进行数据挖掘，提取洞察。这一阶段的目标是找到数据背后的模式和趋势，为决策提供支持。例如，金融分析可能应用时间序列分析预测股价走势；电商分析可能通过聚类分析识别不同的消费者群体；物流分析可能运用优化算法来改善供应链效率。

（5）解释与报告。

分析结果需要以易于理解的方式呈现，这包括创建图表、报告以及演示文稿等。重要的是要确保报告不仅包含数据分析的结果，还要解释这些结果如何支持业务决策。

（6）决策与实施。

最后一步是基于分析结果做出决策并将其实施。这可能涉及改变策略、优化流程或引入新的业务模式等。在这一步，跟踪分析结果的实际影响非常重要，以评估分析项目的成功程度并为未来的分析工作提供参考。

在数据分析的核心流程之外，理解和应用正确的方法论对于确保分析结果的准确性和可靠性至关重要。以下是一些关键的数据分析方法论。

（1）探索性数据分析。

在深入复杂的统计模型之前，探索性数据分析帮助分析师了解数据集的基本特性，包括分布、异常值等。这一阶段通常使用图表和基本统计测试。

（2）统计推断。

统计推断方法允许分析师从样本数据推广到更大的范围。这在几乎所有数据分析项目中都是一个关键步骤，特别是当需要验证假设或估计总体参数时。

（3）预测建模。

预测建模涉及构建模型来预测或分类未来事件。这可能包括线性回归、决策树、神经网络等多种技术。模型的选择依赖于问题的性质和数据的类型。

（4）机器学习与人工智能。

在许多复杂的分析场景中，传统的统计方法可能不足以处理数据的复杂性。机器学习和人工智能技术，如随机森林、支持向量机、深度学习等，提供强大的工具来识别模式、进行预测和自动化决策过程。

（5）数据可视化。

数据可视化不仅是展示分析结果的重要手段，也是探索数据、发现趋势和模式的有力工具。有效的可视化可以帮助利益相关者理解复杂的数据和分析结果，促进决策过程。

数据分析流程与方法论提供一套框架，帮助分析师系统地处理数据，从中提取有价值的洞察，并支持业务决策。在金融、电商、物流等行业中，虽然数据的具体应用场景可能不同，但遵循这一流程和方法论能够确保分析工作的质量和效果。通过不断学习和适应新的技术和方法，数据分析师可以更有效地解决复杂的业务问题，为企业创造更大的价值。

1.2
视频讲解

1.2 数据获取与预处理

1.2.1 数据采集方法

数据采集是数据分析过程中的初步阶段,它涉及获取必要的数据以支持后续的分析工作。有效的数据采集不仅需要技术手段的运用,还需要对行业特点和数据特性的深入理解。以下内容将围绕数据采集的核心方法展开,提供详细的指导和应用示例。

在详细介绍具体的数据采集方法之前,必须首先明确数据采集的基本原则。这些原则包括数据的相关性、准确性、完整性、及时性和合规性。相关性确保收集的数据与分析目标紧密相关;准确性和完整性保证数据的质量;及时性关注数据的实时性和更新频率;合规性则确保数据采集过程遵守相关的法律和伦理标准。

金融行业的数据采集特别关注市场数据、交易数据、客户行为数据等方面。方法如下。

(1) 市场数据采集:利用 API 从股票交易所、外汇市场等获取实时市场数据。例如,使用 Tushare API 从上海证券交易所或深圳证券交易所采集股票价格、成交量等信息。

(2) 交易数据收集:通过银行和其他金融机构的内部系统获取交易记录,包括交易金额、时间、参与方等信息。这通常涉及与机构的数据中心进行数据交换或使用专有软件。

(3) 客户行为分析:采用数据挖掘技术分析客户的交易习惯、投资偏好等,从而优化金融产品的设计和市场策略。这可能涉及对网上银行和移动应用的日志数据进行收集和分析。

电商行业的数据采集着重于用户行为、产品信息、销售数据等方面。

(1) 用户行为数据采集:通过网站和应用的跟踪代码收集用户的浏览行为、购买历史和偏好。这些数据对于理解消费者行为、进行个性化推荐等非常有用。

(2) 产品信息采集:使用网络爬虫技术从电商平台和竞争对手的网站采集产品信息、价格、评价等数据,用于市场分析和定价策略的制定。

(3) 销售数据分析:从电商平台的后台系统直接导出销售记录,包括订单量、退货率、用户评分等,以评估产品表现和顾客满意度。

物流行业的数据采集聚焦于运输效率、仓储管理、供应链优化等方面。

(1) 运输数据采集:利用 GPS 和物联网(IoT)设备收集车辆的位置、速度、行驶路线等信息,以优化运输路线和提高配送效率。

(2) 仓库管理数据:通过仓库管理系统(Warehouse Management System,WMS)收集库存水平、入库和出库记录、货物损耗情况等数据,用于库存优化和成本控制。

(3) 供应链数据分析:整合来自供应商、制造商、分销商等各环节的数据,以提高供应链的透明度和协同效率。这可能涉及跨公司的数据共享和分析平台的建立。

数据采集技术和工具的选择依赖于数据类型、来源和采集目的。常见的技术如下。

(1) APIs：使用应用程序编程接口(API)直接从数据源获取数据。这是获取社交媒体数据、金融市场数据等最常用的方法。

(2) 网络爬虫：对于公开的网页数据，网络爬虫可以自动化地收集信息，适用于产品信息、新闻事件、公开报告等数据的采集。

(3) 日志文件分析：分析服务器日志文件，获取用户访问行为、系统性能等信息。

(4) IoT 设备：物联网设备提供实时监控物理世界的能力，适用于物流跟踪、环境监测等应用场景。

在数据采集过程中，可能会遇到多种挑战，包括数据质量问题、数据隐私和安全问题、技术和资源限制等。解决这些挑战的策略如下。

(1) 确保数据质量：通过数据验证和清洗流程，提高数据的准确性和可靠性。

(2) 遵守数据隐私法规：确保数据采集和处理活动符合数据保护法规的要求。

(3) 技术和资源投入：投资于数据采集和分析工具，以及相关的技术培训，以提高数据采集的效率和效果。

总之，数据采集是数据分析过程中至关重要的一步，需要根据不同行业的特点和数据分析的具体需求，选择合适的方法和技术。通过遵循数据采集的基本原则，并有效应对挑战，可以确保收集到高质量的数据，为后续的数据分析工作打下坚实的基础。

1.2.2　数据清洗与预处理技术

数据清洗与预处理是数据分析流程中至关重要的一步，它直接影响分析结果的质量和可靠性。无论是在金融、电商还是物流行业，都需要对收集到的原始数据进行彻底的清洗和预处理，以确保数据的准确性和一致性。

数据清洗与预处理包括多种技术和步骤，旨在修正或删除错误的、不完整的、无关紧要的或是重复的数据。这一过程通常包括以下几个核心步骤。

(1) 数据审查：识别数据中的异常和不一致性，如缺失值、异常值、重复数据等。

(2) 数据清洗：纠正错误数据，包括填补缺失值、处理异常值、删除重复记录等。

(3) 数据转换：将数据转换成适合分析的格式，包括数据标准化、归一化、编码类别变量等。

(4) 数据降维：减少数据集中的变量数量，通过特征选择或特征提取技术，以提高分析效率和模型性能。

(5) 数据集成：从多个数据源合并数据，统一数据格式和标准，以创建一个一致的数据集。

在金融行业，数据清洗与预处理尤为重要，因为金融数据通常涉及大量的交易记

录、市场数据和客户信息,这些数据可能来自不同的来源,格式不一致,质量参差不齐。例如:

(1) 处理缺失值:金融数据中的缺失值可以通过多种方法处理,如使用均值、中位数填充,或者通过预测模型估计缺失值。

(2) 异常值检测与处理:金融数据中的异常值可能是由于数据输入错误或异常市场事件造成的。可以使用统计方法(如箱线图分析)或机器学习技术(如隔离森林)来识别异常值,并决定是删除、替换还是保留这些值。

(3) 数据标准化和归一化:金融数据分析常常涉及跨市场或跨货币的比较,数据标准化(如 Z-score 标准化)和归一化(如最小-最大归一化)是必不可少的步骤。

电商行业的数据分析依赖于用户行为数据、产品信息和销售记录等数据。这些数据通常来自网站日志、用户反馈和第三方平台,需要经过彻底的清洗和预处理。例如:

(1) 文本数据预处理:电商数据中包含大量的文本信息,如产品描述、用户评论等。文本预处理包括去除 HTML 标签、停用词删除、词干提取等步骤。

(2) 处理缺失数据:电商平台上的产品信息可能不完整,需要对缺失的产品特征进行填充或估计。

(3) 类别数据编码:电商数据中的类别变量(如产品类别、用户地区)需要通过编码(如独热编码)转换成数值型数据,以便进行机器学习分析。

物流行业的数据分析关注于运输效率、仓储管理和供应链优化。物流数据来源多样,包括车辆 GPS 数据、仓库管理系统、供应链交易记录等。例如:

(1) GPS 数据预处理:对于车辆 GPS 数据,需要处理不准确的定位数据,可以通过数据平滑技术(如移动平均法或卡尔曼滤波)来优化路径数据。

(2) 时间序列数据处理:物流数据常常呈现为时间序列数据,需要进行时间格式统一、缺失时间点的插值等处理。

(3) 数据集成:物流数据来自多个环节的多个系统,需要进行数据集成,确保数据一致性和完整性。

数据清洗与预处理涉及一系列技术挑战,幸运的是,有多种工具和库可以帮助完成这些任务。

(1) Pandas:Python 的 Pandas 库提供强大的数据结构和函数,用于数据清洗、转换和分析。

(2) Scikit-learn:Scikit-learn 是 Python 的一个开源机器学习库,提供数据预处理的函数,如特征标准化、编码类别变量等。

(3) SQL:对于存储在关系数据库中的数据,SQL 查询可以有效地进行数据筛选、转换和聚合。

(4) 特定行业工具:除通用工具外,还有针对特定行业的数据清洗和预处理工具,如金融行业的 QuantLib、电商行业的数据分析平台等。

数据清洗与预处理是确保数据分析有效性的关键步骤。无论是金融、电商还是物流行业，都需要针对具体的数据特征和分析需求，采取合适的清洗和预处理技术。通过有效的数据清洗与预处理，可以大大提高数据分析的准确性和可靠性，为业务决策提供坚实的数据支持。

1.3　探索性数据分析

1.3 视频讲解

1.3.1　数据可视化基础

数据可视化不仅是探索性数据分析过程中不可或缺的工具，也是沟通数据洞见的强大手段。无论是在金融、电商还是物流行业，有效的数据可视化都能帮助分析师和业务决策者快速理解数据特征、发现潜在模式和问题。

数据可视化通过图形化方式展示数据，使复杂的数据集合变得更易于理解和解释。它能够揭示数据中的趋势、关系和异常，有助于分析师进行假设测试和模式识别。在金融分析中，可视化帮助投资者理解市场动态；在电商领域，它可以展示消费者行为的季节性变化；而在物流行业，可视化则能优化运输路线和库存管理。

数据可视化的类型繁多，选择合适的可视化类型取决于要表达的数据类型和分析目标。

(1) 条形图和柱状图：用于展示不同类别的数量比较，适用于金融市场的股票比较、电商的产品销售量比较、物流公司的运输量比较等。

(2) 折线图：展示数据随时间变化的趋势，适合于分析金融市场的价格走势、电商销售的季节性变化等。

(3) 散点图：展示两个变量之间的关系，用于探索金融资产之间的相关性、电商产品价格与销量的关系等。

(4) 箱线图：用于显示数据的分布情况，包括中位数、四分位数和异常值，适用于金融数据的风险分析、电商产品评价的分布情况分析等。

(5) 热力图和地图：热力图适用于展示数据密度或是某一指标在不同区域的分布情况，而地图则常用于物流行业分析运输效率和配送范围。

有效的数据可视化需要遵循一系列设计原则。

(1) 清晰性：确保可视化的目标和数据点清晰易懂，避免过度装饰。

(2) 简洁性：简化设计，去除不必要的信息，突出重要数据。

(3) 一致性：在多个图表中使用一致的设计风格和颜色方案，以便观众容易理解和比较。

(4) 适当的可视化类型选择：根据数据特性和分析目标选择最合适的可视化类型。

(5) 注重可读性：包括合适的标签、图例和标题，确保观众能够快速把握图表信息。

数据可视化是探索性数据分析不可或缺的组成部分，它将复杂的数据转换为直观的图形，帮助分析师和决策者快速理解数据背后的信息。通过运用合适的可视化类型、遵循设计原则，并利用强大的工具，可以在金融、电商、物流等行业中有效地展示数据分析的成果。随着技术的发展，数据可视化将继续演化，为数据分析提供更多创新和价值。

1.3.2 描述性统计分析

描述性统计分析是数据分析的基石，它通过总结和描述数据集的主要特征来提供对数据的初步理解。这一过程对于任何数据分析项目都是至关重要的，无论是在金融、电商还是物流行业。

描述性统计分析能够提供数据的“快照”，帮助分析师和业务决策者快速理解数据集的基本属性，如中心位置、变异程度和分布形态。这不仅对于识别数据中的模式和趋势至关重要，也是进行更深入分析之前的必要步骤。

核心概念与指标如下。

（1）中心趋势度量。

- 均值：数据集中所有数值的平均值，适用于量化数据的中心位置。
- 中位数：将数据集从小到大排列，位于中间位置的数值，对于偏态分布的数据特别有用。
- 众数：数据集中出现次数最多的数值，用于描述类别数据的常见值。

（2）变异程度度量。

- 方差和标准差：量化数据分布的离散程度。标准差是方差的平方根，两者均衡量数据值与均值的偏离程度。
- 四分位数与四分位距：描述数据分布的形状，尤其是数据的偏态和尾部重度。
- 范围：数据集中最大值与最小值的差距，简单但直观地反映数据的分散程度。

（3）分布形态度量。

偏态和峰度：偏态度量数据分布的对称性，峰度描述数据分布的尖锐程度。这两个指标有助于了解数据集的整体形状。

数据可视化在描述性统计分析中扮演着重要角色。通过图表，如箱线图、直方图和散点图，可以直观展示数据的分布、中心趋势和变异程度。例如，箱线图能够同时显示数据的中位数、四分位数和异常值，是展示数据分布特征的理想选择。

尽管描述性统计分析提供数据的基本理解，但它也面临一些挑战，如数据质量问题和统计结果的误解。为克服这些挑战，分析师需要确保数据的准确性和一致性，同时在解释统计结果时保持谨慎，避免过度解读。

描述性统计分析是探索性数据分析不可或缺的一部分，为数据分析项目提供坚实的基础。通过理解和应用描述性统计的核心概念和指标，分析师可以在金融、电商、物流等行业中有效地揭示数据的基本特征和模式。随着数据分析技术的不断进步，描述性统计分析将继续在数据驱动的决策过程中发挥关键作用。

1.3.3　数据探索技术与工具

在当今数据驱动的时代，数据探索成为金融、电商、物流等行业不可或缺的一部分。数据探索（Data Exploration）是数据分析过程中的初步步骤，旨在通过可视化和简单统计分析来发现数据的基本特征、模式、异常等。

数据探索有助于建立对数据集的直观理解，识别数据质量问题（如缺失值、异常值），发现潜在的洞察和假设，为后续的数据分析和建模工作奠定基础。在金融领域，数据探索能够揭示市场趋势和风险模式；在电商行业，它有助于理解消费者行为和优化产品推荐；在物流领域，则能优化运输路径和提高仓库管理效率。

关键技术如下。

（1）描述性统计分析：包括计算均值、中位数、众数、标准差等统计量，为数据集提供基本的数学描述。

（2）数据可视化：使用图表（如柱状图、折线图、散点图、箱形图等）直观展示数据的分布和关系。

（3）相关性分析：评估变量之间的相关程度，如使用皮尔逊相关系数或斯皮尔曼秩相关系数。

（4）异常值检测：识别数据中的异常点，方法包括 IQR（四分位数间距）方法、Z-score 方法等。

（5）聚类分析：无监督学习方法，通过将数据分为多个类别或群组来发现数据中的模式或结构。

主要工具如下。

（1）Python：Python 是数据科学中最流行的编程语言之一，拥有强大的数据探索库，如 Pandas 用于数据处理，Matplotlib 和 Seaborn 用于数据可视化，SciPy 和 Statsmodels 用于统计分析。

（2）R 语言：R 语言是专门为统计分析和图形设计而创建的编程语言，它提供大量的包和函数，用于数据探索和可视化，如 ggplot2、dplyr、tidyr 等。

（3）Tableau：Tableau 是一个商业智能工具，提供直观的拖曳界面和强大的数据可视化功能，使得非技术用户也能轻松进行数据探索。

（4）Power BI：与 Tableau 类似，Power BI 是微软提供的另一个商业分析工具，它允许用户连接到各种数据源，创建交互式报告和仪表板。

（5）Excel：对于一些基本的数据探索任务，Microsoft Excel 仍然是一个强大且普遍可用的工具，特别是对于那些对编程不熟悉的业务分析师。

尽管数据探索提供深入理解数据的机会，但在实践中也面临一些挑战，包括处理大规模数据集的计算负担、确保数据隐私和安全、解决数据质量问题，以及提高非技术用户的数据探索能力。

随着数据量的持续增长和分析技术的不断进步，数据探索在各行业的决策过程中发挥着越来越重要的作用。通过有效地利用描述性统计分析、数据可视化和机器学习等技术,企业可以从海量数据中提取有价值的信息,发现业务机会并应对挑战。面向未来,提高数据探索工具的易用性和效率,以及加强对数据分析人才的培养,将是推动行业发展的关键。

◇ 习 题

(1) 在数字化时代背景下,解释数据分析的定义,并讨论为什么数据分析对于组织和个人而言变得如此重要。

(2) 详细描述数据分析的核心流程,并解释每个步骤的作用和重要性。

(3) 讨论数据获取的主要方法和数据预处理的步骤。为什么说数据预处理对整个数据分析过程至关重要?

(4) 解释探索性数据分析(EDA)在数据分析中的作用,并讨论数据可视化在EDA中的应用。

(5) 讨论数据分析的目标性和动态性特征,并解释这两个特征对数据分析成功的重要性。

(6) 描述数据分析如何支持决策制定,并提供一个实际的应用示例。

第2章 数据分析方法

2.1 线性回归

线性回归是通过一个或多个自变量(解释变量)与因变量(响应变量)之间的线性关系来进行预测。当只有一个自变量时,称为简单线性回归;当有两个或两个以上自变量时,称为多元线性回归。

1. 线性回归特征

(1) 可解释性强:线性回归模型的参数直观表达各属性在预测中的重要性。

(2) 计算简单:模型的参数估计和预测计算相对简单。

(3) 广泛应用:适用于连续值预测,也可以用于分类问题的概率预测。

2. 线性回归原理

线性回归模型假设自变量和因变量之间存在线性关系,即因变量可以表示为自变量的加权和。模型的一般形式为

$$y = w_1x_1 + w_2x_2 + \cdots + w_nx_n + b \tag{2.1}$$

其中,y 是因变量;$x_1, x_2, \cdots, x_n$ 是自变量;$w_1, w_2, \cdots, w_n$ 是模型参数;b 是截距项。

线性回归的参数估计通常使用最小二乘法。最小二乘法的目标是最小化预测值和实际值之间的平方和,即最小化下面的损失函数:

$$L(w,b) = \sum_{i=1}^{m}(y_i - (w_1x_{i1} + w_2x_{i2} + \cdots + w_nx_{in} + b))^2 \tag{2.2}$$

为找到使损失函数最小的参数 w 和 b,需要对 $L(w,b)$ 分别对 w 和 b 求偏导,并令其等于0。这样可以得到一组方程,通过解这组方程可以得到参数的最优解。

对于简单线性回归,即只有一个自变量的情况,可以得到以下正规方程。

$$\frac{\partial L}{\partial w} = -2\sum_{i=1}^{m}x_i(y_i - (wx_i + b)) = 0 \tag{2.3}$$

$$\frac{\partial L}{\partial b} = -2\sum_{i=1}^{m}(y_i - (wx_i + b)) = 0 \tag{2.4}$$

通过解这两个方程,可以得到 w 和 b 的闭式解(Closed-form Solution)。

对于多元线性回归,可以将模型写成矩阵形式:

$$\boldsymbol{Y} = \boldsymbol{X}\boldsymbol{W} + \boldsymbol{B} \tag{2.5}$$

其中,$\boldsymbol{Y}$ 是因变量向量,$\boldsymbol{X}$ 是自变量矩阵,$\boldsymbol{W}$ 是参数向量,$\boldsymbol{B}$ 是截距项向量。同样地,可以通过最小化损失函数来求解参数 $\boldsymbol{W}$ 和 $\boldsymbol{B}$。

线性回归模型虽然简单,但在实际应用中非常有效。它不仅可以用于预测分析,还可以用于理解自变量对因变量的影响程度,即进行因果关系分析。

2.2 逻辑回归

逻辑回归(Logistic Regression)是机器学习中常用的一种分类模型,尤其适用于二分类问题。它的目标是找到一个能够将特征空间中的数据点映射到概率值的模型,以此来预测数据点属于某个类别的概率。

逻辑回归模型通过使用一个称为 S 型函数(Sigmoid 函数)的函数,将线性回归函数的连续值输出转换为分类值输出。这个 S 型函数能够将任何实值独立变量输入映射为 0~1 的值,从而表示一个事件发生的概率。

1. 逻辑回归特征

(1) 输出值范围:逻辑回归模型的输出值范围为 0~1,表示概率。

(2) 应用场景:广泛应用于二分类问题,如垃圾邮件检测、疾病诊断等。

(3) 概率解释:模型输出可以被解释为给定输入特征下,正类别发生的概率。

(4) 参数估计:通常使用极大似然估计(Maximum Likelihood Estimation, MLE)来估计模型参数。

2. 逻辑回归原理

逻辑回归模型的核心是对数概率,即事件发生与不发生的概率比值的对数。模型试图通过输入特征的线性组合来预测对数概率。

假设有特征向量 $\boldsymbol{x}$ 和权重向量 $\boldsymbol{w}$,逻辑回归模型的公式可以表示为

$$P(Y = 1 \mid \boldsymbol{x}) = \frac{1}{1 + \mathrm{e}^{-(\boldsymbol{w}^{\mathrm{T}}\boldsymbol{x}+b)}} \tag{2.6}$$

其中,$P(Y=1|\boldsymbol{x})$ 是给定特征 $\boldsymbol{x}$ 时,样本属于类别 1 的概率。$\boldsymbol{w}^{\mathrm{T}}\boldsymbol{x}$ 是特征和权重的线性组合,b 是偏置项。

对数概率变换后,得到

$$\log\left(\frac{P(Y = 1 \mid x)}{1 - P(Y = 1 \mid x)}\right) = \boldsymbol{w}^{\mathrm{T}}\boldsymbol{x} + b \tag{2.7}$$

为估计模型参数 $\boldsymbol{w}$ 和 b,可以使用极大似然估计。似然函数 $L(\boldsymbol{w})$ 是关于 $\boldsymbol{w}$ 的函数,表示在给定参数 $\boldsymbol{w}$ 下观察到当前数据集的概率。

$$L(w) = \prod_{i=1}^{n} P(Y = y_i \mid x_i)^{y_i} (1 - P(Y = y_i \mid x_i))^{1-y_i} \tag{2.8}$$

对数似然函数是似然函数的对数，通常更容易处理。

$$\log L(\boldsymbol{w}) = \sum_{i=1}^{n} y_i \log P(Y=1 \mid x_i) + (1-y_i)\log(1-P(Y=1 \mid x_i)) \tag{2.9}$$

为找到参数 $\boldsymbol{w}$，使得 $\log L(\boldsymbol{w})$ 最大化，通常通过梯度下降或者牛顿法等优化算法来实现。

逻辑回归虽然名为“回归”，但实际上是一种分类方法。它在处理分类问题时具有良好的解释性和计算效率，是机器学习中的基础算法之一。

2.3 决　策　树

2.3～2.6 视频讲解

决策树是一种常用于分类和回归任务的机器学习模型。它通过从数据中学习简单的决策规则来预测目标变量的值。决策树模型的核心是一棵树，其中每个内部节点代表一个属性上的测试，每个分支代表测试的一个结果，每个叶子节点代表一个类别标签或回归值。

1. 决策树的特征

(1) 可解释性强：决策树模型易于理解和解释，人们在通过解释后都有能力理解模型的预测结果。

(2) 不需要数据预处理：决策树不需要对数据进行标准化或归一化。

(3) 使用二元或连续特征：决策树可以处理数值型和类别型数据。

2. 决策树的原理

决策树的构建基于递归分割技术。从根节点开始，选择最佳属性进行分割，生成子节点，然后在每个子节点上重复此过程，直到满足停止条件，如所有样本属于同一类别，没有更多属性可用于进一步分割，或达到预设的最大深度。

决策树的构建通常涉及以下几个关键步骤。

(1) 选择最佳属性：通过计算信息增益(Information Gain)或基尼不纯度(Gini Impurity)来选择最佳属性。

(2) 分割数据：根据选定的属性值将数据分割成子集。

(3) 递归构建子树：对每个子集递归地重复步骤(1)和(2)，构建子树。

(4) 剪枝：为防止过拟合，可以采用预剪枝或后剪枝技术。

信息增益计算公式为

$$\text{信息增益}(D,A) = \text{熵}(D) - \text{条件熵}(D \mid A) \tag{2.10}$$

其中，D 为数据集，A 为数据集中样本的属性。

熵(Entropy)是数据集 D 的不确定性度量，计算公式为

$$\text{熵}(D) = -\sum_{k=1}^{K} \frac{|C_k|}{|D|} \log \frac{|C_k|}{|D|} \tag{2.11}$$

其中，C 代表类别，C_k 表示数据集 D 中属于第 k 个类别的样本集合。

条件熵(Conditional Entropy)是在已知属性 A 的条件下，数据集 D 的不确定性，

计算公式为

$$条件熵(D \mid A)=-\sum_{i=1}^{n}\frac{|D_i|}{|D|}熵(D_i) \tag{2.12}$$

其中,D_i 是在属性 A 上取值为 a_i 的样本子集。

基尼不纯度计算公式为

$$基尼不纯度(D)=1-\sum_{k=1}^{K}\left(\frac{|C_k|}{|D|}\right)^2 \tag{2.13}$$

基尼不纯度反映数据集 D 的不纯度,值越小表示数据集越纯净。

剪枝是决策树算法中用于减少过拟合的技术。预剪枝是在构建决策树的过程中提前停止树的增长,而后剪枝则是在构建完整的决策树后删除一些不必要的节点。

2.4 随机森林

随机森林(Random Forest,RF)是一种流行的机器学习算法,它属于集成学习方法中的 Bagging 类别。随机森林通过构建多个决策树来进行预测,其核心思想是将多个弱分类器组合成一个强分类器。

随机森林是由多棵决策树构成的一个集成,每棵树都是在随机抽取的训练数据子集上训练得到的。在分类问题中,随机森林通过投票机制来确定最终的类别;在回归问题中,则通过平均预测值来得到最终的预测结果。

1. 随机森林特征

(1) 集成学习:随机森林是集成多个决策树的结果来提高整体模型的性能。

(2) 弱分类器的组合:每棵决策树都是一个弱分类器,通过组合这些弱分类器来构建一个强分类器。

(3) 随机性:随机森林在构建决策树时引入两个随机过程:一是随机选择样本,二是随机选择特征。

(4) 泛化能力强:随机森林通过引入随机性,降低模型的方差,从而具有很好的泛化能力。

2. 随机森林构建过程

自助采样(Bootstrap Sampling):从原始训练集中使用有放回抽样的方式抽取多个训练子集。

构建决策树:对于每个训练子集,构建一棵决策树。在每个决策节点,随机选择一部分特征,并在这些特征中选择最佳的分裂特征。

预测与投票:对于分类问题,每棵树给出一个预测结果,最终结果由多数树的预测结果决定;对于回归问题,则取所有树的预测结果的平均值。

具体步骤如下。

假设有一个训练集 $D=\{(\boldsymbol{x}_1,y_1),(\boldsymbol{x}_2,y_2),\cdots,(\boldsymbol{x}_m,y_m)\}$,其中,$\boldsymbol{x}_i$ 是特征向量,y_i 是标签,m 是样本数量。

(1) 自助采样：对于每棵树，从 D 中抽取 n 个样本(通常 $n=m$)，形成新的训练集 D_i。这个过程是有放回的，所以一些样本可能会被多次抽取，而一些则可能一次也不被抽取。

(2) 决策树构建：对于每个节点，从 k 个随机选择的特征中选择最佳分裂特征。假设特征集为 F，则在每个节点随机选择 k 个特征，其中，k 通常小于特征总数。然后计算每个特征的信息增益(或其他分裂标准)，选择信息增益最大的特征进行分裂。

(3) 投票与平均：对于分类问题，每棵树的预测结果是一个类别标签，最终的预测结果是所有树中出现次数最多的类别标签。对于回归问题，每棵树的预测结果是一个数值，最终的预测结果是所有树的预测结果的平均值。

随机森林在实际应用中表现出色，被广泛应用于各种机器学习任务中。

2.5　XGBoost

XGBoost 的全称是 eXtreme Gradient Boosting(极端梯度提升)，是一种高效的机器学习算法，它是梯度提升决策树(GBDT)的一种优化版本。XGBoost 的核心在于它能够自动处理各种数据问题，同时提供并行化处理的能力，使得它在处理大规模数据时更加高效。它是一个开源软件库，提供一个强大的、可扩展的机器学习算法，用于回归、分类、排序和其他机器学习任务。XGBoost 通过优化的分布式梯度提升算法，提供快速准确的解决方案。

1. XGBoost 的特征

(1) 高效性：XGBoost 实现并行树提升(也称为 GBDT, GBM)，可以快速准确地解决许多数据科学问题。

(2) 灵活性：支持用户自定义目标函数和评估标准。

(3) 可扩展性：能够在单机或者分布式环境中处理数十亿个实例。

(4) 便携性：支持在多种平台上运行，包括 Linux、Windows 和 macOS。

(5) 易用性：提供简洁的 Python 接口。

2. XGBoost 的原理

XGBoost 算法的原理是通过迭代地添加树，每一棵树都尝试纠正前一棵树的错误。每一步的目标是利用梯度下降算法找到最佳的提升树，使得模型的损失函数最小化。XGBoost 在优化过程中引入正则化项，以防止过拟合，这是它与传统 GBDT 的主要区别之一。

XGBoost 的目标函数由两部分组成：一部分是损失函数，用于衡量模型预测的准确性；另一部分是正则化项，用于控制模型的复杂度。目标函数的形式如下。

$$\mathrm{Obj}(\theta)=\sum_{i=1}^{n} l(y_i,\hat{y}_i)+\sum_{k=1}^{K}\Omega(f_k) \tag{2.14}$$

其中，l 是损失函数，y_i 是第 i 个样本的真实值，$\hat{y}_i$ 是模型的预测值，f_k 是第 k 棵树，

Ω 是正则化项,θ 表示模型参数。

损失函数通常选择平方误差(对于回归问题)或者对数损失(对于分类问题)。正则化项 $\Omega(f)$ 的形式为

$$\Omega(f)=\gamma T+\frac{1}{2}\lambda\|w\|^2 \tag{2.15}$$

其中,T 是树的叶子节点数,w 是叶子节点的权重,γ 和 λ 是正则化参数。

在每一轮迭代中,XGBoost 会添加一个新的树 f_t 来改进模型。目标函数的优化可以通过泰勒展开近似为

$$\mathrm{Obj}^{(t)}\approx\sum_{i=1}^{N}\left[L(y_i,\hat{y}_i^{(t-1)})+g_i f_t(x_i)+\frac{1}{2}h_i f_t^2(x_i)\right]+\Omega(f_t) \tag{2.16}$$

g_i 和 h_i 分别是损失函数关于 $\hat{y}_i^{(t-1)}$ 的一阶和二阶导数。

2.6 聚　　类

聚类是机器学习中的一种无监督学习方法,它的目的是将数据集中的样本根据相似性分组到不同的类别中。聚类算法试图将数据集中的样本划分成若干个簇,使得同一个簇内的样本之间的相似度尽可能高,而不同簇之间的样本相似度尽可能低。

聚类模型的核心思想是基于样本之间的相似性进行分组。相似性可以通过多种方式来定义,例如,欧氏距离、曼哈顿距离或余弦相似度等。聚类算法无须事先标注好的训练数据,因此它适用于探索性数据分析和发现数据中的潜在结构。

1. 聚类模型特征

(1) 无监督学习:聚类不依赖于预先标注的数据,是一种无监督学习方法。

(2) 相似性度量:聚类算法通常基于某种相似性度量来划分数据,如距离或相似度。

(3) 簇的数量:聚类算法需要指定或估计簇的数量,这是聚类分析中的一个关键参数。

(4) 可解释性:聚类结果可以帮助理解数据的结构和分布,具有一定的可解释性。

2. K-Means 聚类原理

K-Means 算法的目标是最小化簇内样本与簇中心之间的距离之和。K-Means 算法的目标函数可以表示为

$$J=\sum_{i=1}^{k}\sum_{x\in C_i}\|x-\mu_i\|^2 \tag{2.17}$$

其中,k 是簇的数量,C_i 是第 i 个簇中的样本集合,μ_i 是 C_i 的中心,$\|x-\mu_i\|$ 是样本 x 到簇中心 μ_i 的距离。

K-Means 算法的迭代过程如下。

（1）初始化：随机选择 k 个样本作为初始簇中心。

（2）分配：对于每个样本 x，计算其到所有簇中心的距离，并将其分配到最近的簇中心所在的簇。

（3）更新：对于每个簇，重新计算簇中心，即簇内所有样本的均值。

（4）迭代：重复步骤（2）和（3），直到簇中心不再发生变化或达到最大迭代次数。

K-Means 算法的优点是简单易懂，计算效率较高。但它也有一些局限性，如对初始簇中心敏感，可能陷入局部最优，且假设簇是凸形的。

2.7　神经网络

2.7～2.9 视频讲解

神经网络是机器学习中一种模仿人脑神经元工作方式的模型，它由大量的节点（或称为“神经元”）组成，这些节点通过带权重的连接相互作用。每个神经元接收输入，对输入进行加权求和，然后通过一个非线性激活函数产生输出。这个过程可以捕捉和学习数据中的复杂模式和关系。

1. 神经网络特征

（1）多层结构：神经网络通常由输入层、隐藏层和输出层组成。隐藏层可以有多个，每个层都包含多个神经元。

（2）连接权重：每个连接都有一个权重，表示输入对神经元输出的影响程度。

（3）激活函数：用于引入非线性，使得网络能够学习复杂的函数。常见的激活函数有 Sigmoid、tanh 和 ReLU 等。

2. 神经网络原理

神经网络的工作原理是通过前向传播（Forward Propagation）和反向传播（Backpropagation）两个过程来学习数据的特征。前向传播是指输入数据在网络中从输入层经过隐藏层到输出层的过程，每一层的输出都是下一层的输入。反向传播是指根据输出层的误差来调整网络中每个连接的权重，以减少未来的误差。

3. 神经网络公式推导

假设有一个简单的神经网络，它包含输入层、一个隐藏层和输出层。输入层有两个输入节点 x_1 和 x_2，隐藏层有两个神经元 h_1 和 h_2，输出层有一个输出节点 y。

1）前向传播

每个隐藏层神经元的值可以通过以下公式计算。

$$h_j = f\left(\sum_{i=1}^{n} w_{ij} x_i + b_j\right) \tag{2.18}$$

其中，f 是激活函数，w_{ij} 是从输入节点 i 到隐藏层神经元 j 的权重，b_j 是隐藏层神经元 j 的偏置项，x_i 是输入节点 i 的值。

输出层的值可以通过以下公式计算。

$$y = f\left(\sum_{j=1}^{m} w_j h_j + b\right) \tag{2.19}$$

其中,w_j 是从隐藏层神经元 j 到输出节点的权重,b 是输出节点的偏置项。

2) 反向传播

反向传播的目的是通过计算损失函数对权重的梯度来更新权重。假设使用均方误差作为损失函数:

$$L = \frac{1}{2}(y_{\text{pred}} - y_{\text{true}})^2 \tag{2.20}$$

其中,y_{pred}是网络的预测输出,y_{true}是真实输出。

权重的更新公式为

$$w_{ij}^{(\text{new})} = w_{ij}^{(\text{old})} - \eta \frac{\partial L}{\partial w_{ij}} \tag{2.21}$$

其中,η 是学习率。

为计算$\frac{\partial L}{\partial w_{ij}}$,需要应用链式法则。首先计算输出层的梯度:

$$\frac{\partial L}{\partial y_{\text{pred}}} = y_{\text{pred}} - y_{\text{true}} \tag{2.22}$$

然后计算隐藏层到输出层权重的梯度:

$$\frac{\partial L}{\partial w_j} = \frac{\partial L}{\partial y_{\text{pred}}} \frac{\partial y_{\text{pred}}}{\partial w_j} \tag{2.23}$$

最后计算输入层到隐藏层权重的梯度:

$$\frac{\partial L}{\partial w_{ij}} = \frac{\partial L}{\partial h_j} \frac{\partial h_j}{\partial w_{ij}} \tag{2.24}$$

通过这种方式,可以计算出每个权重的梯度,并更新权重以减少损失函数的值。

神经网络的学习过程是迭代的,通过不断地前向传播和反向传播,网络逐渐学习到数据的特征,并能够对新的输入做出准确的预测。这个过程可以应用于各种机器学习任务,如分类、回归和特征提取等。

2.8 TensorFlow

TensorFlow 是一个开源软件库,用于数据流图的数值计算,广泛应用于机器学习和深度学习领域。它由 Google 开发,允许研究人员和工程师轻松构建和训练神经网络,以进行复杂的计算。TensorFlow 的核心概念包括数据流图、张量、操作(Ops)、会话(Sessions)和变量。

(1) 数据流图是 TensorFlow 中的基础,它是一种有向图,其中节点代表数学操作,边代表在节点之间传递的多维数据数组(即张量)。这种结构允许灵活地在多种设备上执行计算,包括 CPU、GPU 和 TPU。

(2) 张量是 TensorFlow 中的一个核心数据结构,它是一个多维数组,用于在数据流图中传递数据。张量具有类型和形状,可以是任何维度的数组。例如,一个 0 维张量是一个标量,一个 1 维张量是一个向量,而一个 2 维张量是一个矩阵。

(3) 操作(Ops)是计算图中的节点,代表数学计算,如加法、乘法或卷积。每个操作都可以接收一些输入张量,执行计算,并产生输出张量。

(4) 会话(Sessions)是 TensorFlow 中执行图的环境。会话管理 TensorFlow 运行时的所有资源,并在调用时执行图。会话可以是交互式的,也可以是非交互式的,允许用户控制何时开始和结束图的执行。

(5) 变量是 TensorFlow 中的一种特殊类型的操作,它可以持久化存储和更新图执行过程中的值。变量通常用于存储和更新训练过程中的模型参数。

TensorFlow 的工作原理是首先定义一个数据流图,然后在会话中执行这个图。在图的构建阶段,用户定义图的结构和要执行的操作。在执行阶段,用户创建一个会话,通过会话运行图,从而完成计算。

TensorFlow 提供自动微分功能,这对于机器学习中的梯度下降和反向传播算法至关重要。自动微分允许用户定义一个计算图,TensorFlow 会自动计算该图中操作的梯度。

TensorFlow 还提供丰富的 API 和工具来帮助用户轻松实现上述过程,包括定义模型结构、计算梯度、执行训练步骤等。此外,TensorFlow 还支持分布式计算,允许模型在多个设备上并行训练,从而加快训练速度。

2.9 Keras

Keras 是一个开源的神经网络库,它被设计为能够快速实验不同的深度学习模型。Keras 的核心是提供一个简洁易用的 API,使得用户能够轻松地定义、训练和部署各种类型的神经网络模型。Keras 在设计上支持快速原型设计,同时也支持复杂的研究工作。

Keras 中的模型主要有两种类型:Sequential 模型和使用函数式 API 的 Model 类模型。Sequential 模型是一个线性的层堆栈,而 Model 类模型则支持更复杂的网络结构。

1. Keras 模型特征

(1) 易于使用:Keras 提供高层次的构建块(如层、损失函数、优化器等),这些构建块可以通过简单的几行代码组合在一起,构建出复杂的模型。

(2) 模块化:Keras 中的模型是由独立的模块组成的,这些模块可以以最少的限制进行配置,并且可以灵活地组合在一起。

(3) 可扩展性:用户可以轻松地添加新的模块,以便 Keras 可以适应未来的发展。

2. Keras 模型原理

Keras 模型的原理基于神经网络的基本概念,即通过层次化的结构来学习数据的表示。每一层都会接收前一层的输出作为输入,并生成新的输出。在这个过程中,每一层都会有相应的权重和偏置,这些参数会在训练过程中不断更新,以最小化损失函数。

2.10、2.11
视频讲解

2.10 LSTM

长短期记忆网络(Long Short-Term Memory,LSTM)是一种特殊的递归神经网络(Recursive Neural Network,RNN),它能够学习长期依赖信息。LSTM 的关键在于其内部状态的维护,即所谓的"细胞状态",以及三个门控结构:遗忘门、输入门和输出门。这些门控结构允许网络有选择性地记住或忘记信息,从而解决传统 RNN 在处理长序列数据时遇到的梯度消失和梯度爆炸问题。

LSTM 网络由 Hochreiter 和 Schmidhuber 在 1997 年提出,目的是克服 RNN 在长序列学习中的困难。LSTM 的核心思想是通过特殊的门控机制来调节信息的流动,使得网络能够在必要时保留信息,或者在不再需要时丢弃信息。

1. LSTM 原理

LSTM 的每个单元包含一个细胞状态和三个门。

(1) 遗忘门:决定哪些信息应该从细胞状态中被遗忘。

(2) 输入门:决定哪些新信息应该被添加到细胞状态中。

(3) 输出门:决定基于当前的细胞状态,哪些信息应该被输出。

2. LSTM 计算公式

在时间步 t,LSTM 单元接收输入向量 $\boldsymbol{x}_t$ 和前一时间步的隐藏状态 h_{t-1},以及前一时间步的细胞状态 c_{t-1}。门控信号是通过权重矩阵和偏置向量来计算的,其中,σ 表示 Sigmoid 函数,tanh 表示双曲正切函数。

遗忘门的计算:

$$f_t = \sigma(\boldsymbol{W}_f \cdot [h_{t-1}, \boldsymbol{x}_t] + \boldsymbol{b}_f) \tag{2.25}$$

输入门的计算:

$$i_t = \sigma(\boldsymbol{W}_i \cdot [h_{t-1}, \boldsymbol{x}_t] + \boldsymbol{b}_i) \tag{2.26}$$

$$\widetilde{c}_t = \tanh(\boldsymbol{W}_c \cdot [h_{t-1}, \boldsymbol{x}_t] + \boldsymbol{b}_c) \tag{2.27}$$

细胞状态更新:

$$c_t = f_t * c_{t-1} + i_t * \widetilde{c}_t \tag{2.28}$$

输出门的计算:

$$o_t = \sigma(\boldsymbol{W}_o \cdot [h_{t-1}, \boldsymbol{x}_t]) + \boldsymbol{b}_o \tag{2.29}$$

$$h_t = o_t * \tanh(c_t) \tag{2.30}$$

其中,$\boldsymbol{W}$ 和 $\boldsymbol{b}$ 分别代表权重矩阵和偏置向量,* 表示逐元素乘法。这些公式共同定义 LSTM 单元如何更新其细胞状态,并计算当前时间步的隐藏状态。

LSTM 网络通过这些门控机制有效地保持和传递重要信息,同时避免不相关信息的干扰。这使得 LSTM 在处理各种序列数据,如自然语言文本、时间序列预测等任务中表现出色。

2.11 自编码器

自编码器(Autoencoder, AE)是深度学习中的一种神经网络架构,主要用于无监督学习。它通过学习输入数据的压缩表示来实现数据的降维和特征提取。自编码器由两部分组成:编码器(Encoder)和解码器(Decoder)。编码器负责将输入数据压缩成一个低维的潜在表示,而解码器则试图从这个潜在表示中重构原始数据。自编码器的目标是最小化输入数据和重构数据之间的差异。

自编码器是通过神经网络学习数据的有效表示。编码器将输入数据映射到一个潜在空间,而解码器则将潜在空间的点映射回原始数据空间。这个过程使得自编码器能够学习到数据的压缩表示,这些表示通常捕捉到数据中最重要的特征。

自编码器的特征如下。

(1) 数据压缩:自编码器可以将高维数据压缩到低维表示。

(2) 特征提取:自编码器能够学习到数据中的有用特征。

(3) 无监督学习:自编码器不需要标签数据,它可以从未标记的数据中学习。

(4) 重构能力:自编码器可以重构出与原始输入相似的数据。

自编码器的原理基于最小化输入和重构输出之间的差异。这通常通过定义一个损失函数来实现,例如,均方误差(Mean Squared Error, MSE)或交叉熵(Cross-Entropy)。

假设有输入数据 $x \in \mathbf{R}^n$,编码器将 x 映射到潜在表示 $z \in \mathbf{R}^m$,解码器将 z 映射回重构 $\hat{x} \in \mathbf{R}^n$。编码过程可以表示为

$$z = f(\boldsymbol{W}_e x + \boldsymbol{b}_e) \tag{2.31}$$

解码过程可以表示为

$$\hat{x} = g(\boldsymbol{W}_d z + \boldsymbol{b}_d) \tag{2.32}$$

其中,$\boldsymbol{W}_e$、$\boldsymbol{W}_d$ 是权重矩阵,$\boldsymbol{b}_e$、$\boldsymbol{b}_d$ 是偏置向量,f 和 g 是激活函数。

自编码器的损失函数可以表示为

$$L(x, \hat{x}) = \| x - \hat{x} \|^2 \tag{2.33}$$

或者对于二值输入数据,损失函数可以使用交叉熵:

$$L(x, \hat{x}) = -\sum_{i=1}^{n} [x_i \log(\hat{x}_i) + (1 - x_i)\log(1 - \hat{x}_i)] \tag{2.34}$$

自编码器在许多领域都有应用,例如,图像去噪、特征提取和数据可视化。在图像去噪的案例中,自编码器被训练为从带有噪声的图像中重构出清晰的图像。这通常通过向自编码器的输入添加噪声,然后训练它重构出无噪声的原始图像来实现。

自编码器是深度学习中的一个重要工具,它可以用于数据的降维、特征提取和去噪等任务。通过学习重构输入数据,自编码器能够发现数据中的有用特征,并将其用于各种无监督学习任务。

2.12、2.13
视频讲解

2.12 情感计算

情感计算是一个跨学科领域,旨在研发能够识别、解释、处理、模拟人类情感的系统。情感分析是情感计算的一个子领域,专注于从文本中提取情感信息。

本书中文本情感分析模型的数学表达式如下。

假设文本 T 由 n 个句子 $S_1, S_2, \cdots, S_n$ 组成,每个句子 S_i 由 m_i 个词 $W_1, W_2, \cdots, W_{m_i}$ 组成,其中,W_j 为形容词、副词或否定词,则文本 T 的情感得分 Score(T)可以表示为

$$\text{Score}(T) = \frac{1}{n}\sum_{i=1}^{n}\text{Score}(S_i) \tag{2.35}$$

其中,每个句子 S_i 的情感得分 Score(S_i)可以表示为

$$\text{Score}(S_i) = \sum_{j=1}^{m_i}\text{Score}(W_j) \tag{2.36}$$

其中,每个词 W_j 的情感得分 Score(W_j)可以表示为

$$\text{Score}(W_j) = \begin{cases} s_j \times a_j \times (-1)^{b_j}, & \text{如果 } W_j \text{ 是形容词} \\ 0, & \text{其他} \end{cases} \tag{2.37}$$

其中,s_j 为 W_j 在情感词典中的得分,a_j 为 W_j 前的副词强度系数,b_j 为 W_j 前的否定词个数。

该模型的工作步骤如下。

首先,对文本进行分词和词性标注,提取出形容词、副词和否定词。

然后,根据情感词典,给每个形容词赋予一个情感得分,正面情感词为正值,负面情感词为负值。如果形容词前有副词,根据副词的强度修正情感得分。如果形容词前有否定词,则根据否定次数改变情感得分的符号。

最后,将所有形容词的情感得分相加,得到文本的总情感得分。如果文本包含多个句子,可以计算每个句子的情感得分,然后求平均值。

2.13 RFM 模型

RFM 模型是一种用于分析客户价值和客户创利能力的数据分析工具。它基于三个关键指标:最近一次消费时间间隔(Recency, R)、消费频率(Frequency, F)和消费金额(Monetary, M)。这些指标可以帮助企业识别不同价值的客户群体,并制定相应的营销策略。

RFM 模型将客户行为数据转换为有意义的客户价值指标。它的核心思想是通过分析客户的购买历史来预测其未来的行为模式。

- R(Recency):最近一次消费时间间隔,反映客户的活跃度。间隔越短,表明客户越活跃,再次购买的可能性越大。

- F(Frequency)：消费频率，反映客户的忠诚度。频率越高，表明客户对品牌的忠诚度越高。
- M(Monetary)：消费金额，反映客户的购买力。金额越高，表明客户的价值越大。

RFM 模型的特点在于它简单、直观且易于实施。它不需要复杂的统计分析或预测模型，只需基于客户的实际交易数据即可进行有效的客户细分。

RFM 模型的原理是通过对 R、F、M 三个指标的分析，将客户分为不同的群体。每个群体根据其特征被赋予不同的营销策略。例如，对于最近购买频率高且消费金额大的客户，企业可能会提供更多的优惠和服务来保持其忠诚度。

RFM 模型通常涉及以下步骤。

(1) 数据准备：收集客户的交易记录，包括消费时间、频率和金额。

(2) 计算 R 值：确定一个参考时间点，计算每个客户最近一次消费距离该时间点的天数。

(3) 计算 F 值：统计每个客户在一定时间内的消费次数。

(4) 计算 M 值：统计每个客户在一定时间内的总消费金额。

(5) 客户分群：根据 R、F、M 值的高低，将客户分为不同的群体。

(6) 制定策略：针对不同群体的客户制定个性化的营销策略。

示例：

$$R = T_{\text{参考}} - T_{\text{最近消费}} \tag{2.38}$$

$$F = \text{一定时间内的消费次数} \tag{2.39}$$

$$M = \text{一定时间内的总消费金额} \tag{2.40}$$

其中，$T_{\text{参考}}$ 是参考时间点，$T_{\text{最近消费}}$ 是客户最近一次消费的时间。

2.14　遗传算法

2.14、2.15
视频讲解

遗传算法(Genetic Algorithm，GA)是一种模拟自然选择和遗传学原理的搜索算法，由约翰·赫兰德(John Holland)于 20 世纪 70 年代初提出。遗传算法是进化算法(Evolutionary Algorithm)的一种，它们通过模拟生物进化过程的机制，如选择(Selection)、交叉(Crossover)、变异(Mutation)等操作，以求解优化问题。遗传算法广泛应用于组合优化、机器学习、数据挖掘、智能控制等领域，特别适合解决传统优化方法难以处理的复杂问题。

遗传算法的核心思想是从一群随机生成的候选解(称为"种群")开始，通过迭代过程不断"进化"出越来越好的解。每个候选解(称为"个体")通常用一个字符串(如二进制串)表示，该字符串类似于生物学中的染色体，其中的每个元素(如二进制位)相当于基因。

一个标准的遗传算法流程包括以下几个步骤。

(1) 初始化：随机生成一个初始种群，即一组候选解。

(2) 评估：计算种群中每个个体的适应度(Fitness)，即该个体解决问题的能力。

(3) 选择：根据个体的适应度，从当前种群中选择一对或多对个体作为“父母”，以进行后续的交叉和变异操作。选择过程通常偏好适应度更高的个体，使得优秀的特质有更大概率被保留下来。

(4) 交叉：随机选取染色体上的一个或多个点，交换父母双方在这些点上的部分基因，生成新的个体(“子代”)。这一过程模拟生物遗传中的性繁殖。

(5) 变异：以一定的概率随机改变个体染色体上的某些基因，引入新的特征以增加种群的多样性。

(6) 更新种群：用生成的子代替换当前种群中的一部分或全部个体，形成新一代种群。

(7) 终止条件：判断算法是否满足终止条件(如达到预设的迭代次数或适应度阈值)，如果满足，则输出当前最优解；否则，回到步骤(2)继续迭代。

遗传算法作为一种全局搜索算法，具有以下显著特点和优势。

(1) 鲁棒性：遗传算法不依赖问题的具体形式，适用于广泛的优化问题。

(2) 并行性：遗传算法在搜索解空间时，通过同时评估多个候选解(种群)，具有天然的并行性。

(3) 全局搜索能力：通过交叉和变异操作，遗传算法能够在全局解空间中进行搜索，避免陷入局部最优。

(4) 自适应性：遗传算法通过适应度函数自动调整搜索方向，无须人为干预。

遗传算法作为一种灵活且强大的优化工具，通过模拟自然选择和遗传机制来解决复杂问题，展现其在各个领域的广泛应用潜力。尽管遗传算法存在一些局限性，如参数调整困难、运算成本较高等，但其独特的优势和成功应用案例表明，遗传算法仍然是解决优化问题的有效方法之一。随着计算能力的提升和算法研究的深入，遗传算法及其变种将继续在解决实际问题中发挥重要作用。

2.15 蚁群优化算法

在解决复杂优化问题时，自然界的启示提供一种独特的视角。蚁群优化算法(Ant Colony Optimization，ACO)是一种模拟蚂蚁觅食行为的启发式算法，由 Marco Dorigo 在 20 世纪 90 年代初期提出。该算法基于蚂蚁通过释放信息素找到从巢穴到食物源的最短路径的行为。信息素的浓度成为蚂蚁决定路径的主要依据，从而形成一种有效的群体智能行为。蚁群优化算法已被广泛应用于解决旅行商问题、调度问题、网络路由问题等多种优化问题。

蚁群优化算法的核心思想是模拟蚂蚁寻找食物的路径选择行为。在这一过程中，每只蚂蚁在其行进路径上留下一种称为“信息素”的化学物质，其他蚂蚁在选择路径时会部分地依据信息素的浓度，倾向于选择信息素浓度较高的路径。这种机制使得较短的路径上信息素积累得更快，更多的蚂蚁会选择这条路径，形成正反馈机制。通过这种方式，蚁群能够在一定时间内找到最短路径。

蚁群优化算法的执行过程通常包括以下几个步骤。

（1）初始化：生成一定数量的蚂蚁，每只蚂蚁在解空间中随机选择一个起点。

（2）构建解：每只蚂蚁根据当前节点的信息素浓度以及问题的启发式信息，选择下一个节点，直至构建出一个完整的解。

（3）更新信息素：在所有蚂蚁完成一次迭代，即所有蚂蚁都构建出解之后，根据蚂蚁所走路径的质量更新信息素浓度。通常，较短路径上的信息素浓度增加，较长路径上的信息素浓度减少。

（4）迭代：重复上述步骤，直到满足停止条件，如达到最大迭代次数或解的质量满足一定标准。

蚁群优化算法的关键要素如下。

（1）信息素更新规则：信息素的更新是蚁群优化算法中的关键环节。更新规则决定信息素如何随时间和蚂蚁的行为而变化，通常包括信息素的蒸发和增强两个过程。信息素蒸发是为避免算法过早地收敛到局部最优解，而信息素增强则是为强化优秀路径的吸引力。

（2）启发式信息：除信息素外，蚂蚁在选择下一个节点时还可以考虑启发式信息，即与问题本身相关的先验知识，以提高搜索效率。

（3）蚂蚁的多样性：为增加算法的探索能力，可以引入不同行为策略的蚂蚁，例如，一部分蚂蚁更依赖信息素，而另一部分蚂蚁更依赖启发式信息。

蚁群优化算法是一种强大的群体智能算法，它通过模拟蚂蚁的自然行为来解决优化问题。其核心在于通过信息素的正反馈机制来指导搜索过程，有效地找到优化解。尽管 ACO 在处理某些类型的问题时可能需要较长的计算时间，但通过参数调整和算法改进，它已被证明在多种应用场景中是非常有效的。未来，随着计算技术的发展和算法创新，ACO 及其变种将在更多领域展现出其优越的性能。

习　　题

（1）描述线性回归的基本概念，并解释如何通过最小二乘法确定线性回归模型的参数。

（2）解释逻辑回归如何用于二分类问题，并讨论其如何通过 S 型函数将线性回归模型的输出转换为概率。

（3）描述决策树的构建过程，并解释为何以及如何进行树的剪枝。

（4）讨论随机森林模型的主要优势，并给出其在实际应用中的一个例子。

（5）描述 XGBoost 算法的核心特点及其如何通过正则化和梯度提升进行优化。

（6）介绍聚类分析的两种常用方法，并讨论其在市场细分中的应用。

（7）描述神经网络在图像识别中的应用，并解释卷积神经网络（CNN）如何处理图像数据。

(8) 解释 TensorFlow 框架在深度学习项目中的作用,并提供一个具体的应用示例。

(9) 简介 Keras 框架的主要特点,并解释它如何与 TensorFlow 结合使用以简化深度学习模型的开发。

(10) 描述长短期记忆网络(LSTM)的主要优势,并讨论其在时间序列预测中的应用。

(11) 解释自编码器的基本原理,并讨论它如何在数据降维中被应用。

(12) 描述情感计算的概念,并讨论其在社交媒体分析中的应用及影响。

(13) 解释 RFM 模型的组成元素,并讨论其在客户关系管理(CRM)中的应用。

(14) 描述遗传算法的基本原理,并讨论其在解决优化问题中的优势和应用实例。

(15) 解释蚁群优化算法的工作原理,并讨论其在路径规划问题中的应用及优势。

第3章

金融大数据分析案例

3.1 证券文本信息情感分析

3.1
视频讲解

3.1.1 案例背景

证券市场是一个由众多因素共同作用的复杂动态系统，其中，证券文本信息的作用不容忽视。这类信息涵盖新闻报道、公司公告、分析师评论及社交媒体上的讨论等，既包含客观数据和事实，也融入主观的观点与情绪，对投资者的心理状态和决策行为产生深远影响，进而对证券价格的形成和市场波动造成影响。

进行证券文本信息的情感分析，意在运用自然语言处理技术深挖文本中的情绪倾向及其强度，识别出信息是积极的、消极的还是中立的，并评估其情绪的强弱。这一分析过程使得投资者能够更准确地把握市场情绪的波动，理解舆论氛围的变化，为市场趋势和风险的预测提供新的视角。

此外，结合数学统计和机器学习技术对证券文本信息的情感与股价走势进行深入分析，旨在从海量的文本情感数据中挖掘出与股价变动密切相关的模式和特征，以预测未来的价格变化。这种分析不仅可以帮助投资者更有效地利用信息优势，而且有助于他们制定更加科学合理的投资策略，从而提高投资效益。

本案例以中国A股市场为背景，选取一批具有代表性的上市公司作为分析样本。通过收集和处理一段时间内的证券文本信息及股价数据，进行详尽的情感分析和走势预测。目的是为投资者提供一个有效的分析工具，增强他们对市场动态的洞察力和掌控力，从而在复杂多变的证券市场中做出更加明智的投资决策。

3.1.2 数据来源与运行环境

证券文本信息是与证券市场相关的各种非结构化的文本数据，如信息披露公告、市场舆情资讯、公函报告等，可以反映证券市场的运行情况、投资者的情绪和行为、上市公司的经营状况等，对于证券分析和交易有重要的价值和影响。本案例数据来自金融媒体，包括从2015年1月1日到2015年

10月21日的27 000余条信息,包含标题文本、日期等信息,部分数据如表3.1所示。

表3.1 证券文本部分信息

标题	日期
四机构逾6亿资金出逃万科A地产股仍获券商唱好	2015/1/1
[公司]GQY视讯参股机器人公司股权降至11%	2015/1/1
正泰电器	2015/1/1
葛洲坝高管股票账户短线交易：家属误操作	2015/1/1
云南旅游宣传片登陆纽约时报广场	2015/1/1
姚记扑克欲购公司或涉虚假宣传 跨界又生波折	2015/1/1
金利科技上市后迎来首亏 失败收购引发担忧	2015/1/1
上海外滩踩踏事故新华保险启动应急工作小组	2015/1/1
长城汽车哈弗H5优惠2000元 店内有现车	2015/1/2
江苏舜天官方宣布国安门将张思鹏加盟球队	2015/1/2
国泰君安国际：升新华保险至收集评级	2015/1/2
物产中拓易主　　浙江交通集团	2015/1/3

股票交易数据是指证券市场中产生的各种结构化的交易数据,如股票代码、名称、价格、成交量、成交额、涨跌幅等。本案例数据来自Tushare大数据开放社区。

本案例的运行环境是Anaconda,它是一个用于数据科学的Python发行版,可以方便地管理包和环境,同时附带很多常用的数据科学包。编译器是Jupyter Notebook,它是一个交互式的网页文档,可以将数据分析的代码、图像和文档全部组合到一个Web文档中,方便展示和分享结果。

本案例使用一些常用的数据分析库,例如：

- NumPy：提供高效的多维数组对象和相关操作,是数据分析的基础库。
- Pandas：提供强大的数据结构和数据分析工具,可以方便处理各种格式的数据。
- Matplotlib：提供丰富的绘图功能,可以生成各种类型的图表和可视化效果。
- Cnsenti：一个中文情感分析库,可以对文本进行情绪分析和正负情感分析。

3.1.3 分析过程与代码实现

1. 分析过程

(1) 收集加载证券文本信息的数据。

(2) 使用Cnsenti库对文本数据进行正负情感分析。Cnsenti库可以使用默认的词典,也可以导入自定义的词典,可以得到文本中正面和负面情感词的个数和得分。

(3) 获取股票历史价格数据,如开盘价、收盘价、涨跌幅等。使用Tushare库获取股票数据，并保存到 DataFrame 中。

(4) 计算情感指数和股价走势之间的相关系数，使用 Matplotlib 库绘制情感指数和股价走势的折线图。

2. 代码实现

1) 导入工具库及数据集

首先，通过导入所需的库，包括情感分析库、数据可视化库以及数据处理库，为后续的数据处理、情感分析和可视化做好准备。其次，通过使用 Pandas 库中的 read_excel() 函数，从文件中加载证券文本信息数据，将其存储在 DataFrame 中，并通过输出前几行数据来了解数据的结构和内容。具体代码如下。

```
In []:
    # 导入所需的库
    from cnsenti import Sentiment
    import matplotlib.pyplot as plt
    import pandas as pd
    import numpy as np
    from datetime import datetime
In []:
    # 加载证券文本信息数据
    pre_data = pd.read_excel('stocknewsdata.xls')
    print(pre_data.head())
Out[]:
                    title                                        content  \
0  四机构逾 6 亿资金出逃万科 A 地产股仍获券商唱好   12 月 31 日，万科 A 尾盘放量拉升并涨停，股价收报 13.90 元。盘后龙虎榜数据显示，该股当日有...
1  [公司]GQY 视讯参股机器人公司股权降至 11%   全景网 12 月 31 日讯 GQY 视讯(300076)周三晚间公告称，公司参股的新世纪机器人因近年来...
2                    正泰电器   公司将出资 1512 万元获得江苏绿城信息技术有限公司 18%的股权，绿城信息是一家专业从事电动汽...
3         葛洲坝高管股票账户短线交易：家属误操作   中国经济网北京 1 月 1 日讯(记者 魏京婷)葛洲坝 12 月 31 日晚间发布公告表示，公司总经理和建生...
4           云南旅游宣传片登陆纽约时报广场   云南旅游宣传片登陆纽约时报广场...

            datetime
0 2015-01-01 00:05:10
1 2015-01-01 01:19:56
2 2015-01-01 06:39:36
3 2015-01-01 07:11:48
4 2015-01-01 12:31:12
```

2）数据预处理

数据预处理对 DataFrame 中的日期数据格式进行转换,并对部分列的数据类型进行修改。首先,通过将 datetime 列中的日期数据转换为指定的年月日格式,并将转换后的结果存储在名为 date 的新列中,以便后续的操作和分析。其次,将 title 和 content 列的数据类型从 object 类型转换为 string 类型,这有助于更好地处理和分析文本数据。然后,通过查看 DataFrame 的数据类型,确认转换操作是否成功。具体代码如下。

```
In []:
    # 转换日期数据格式
    pre_data['date'] = pre_data['datetime'].apply(lambda x: datetime.
strftime(x,'%Y%m%d'))
    print(pre_data.head())
Out[]:
                    title                                              content  \
0  四机构逾6亿资金出逃万科A地产股仍获券商唱好  12月31日,万科A尾盘放量拉升并涨停,股价收报13.90元。盘后龙虎榜数据显示,该股当日有...
1  [公司]GQY视讯参股机器人公司股权降至11%  全景网12月31日讯 GQY视讯(300076)周三晚间公告称,公司参股的新世纪机器人因近年来...
2                   正泰电器  公司将出资1512万元获得江苏绿城信息技术有限公司18%的股权,绿城信息是一家专业从事电动汽...
3        葛洲坝高管股票账户短线交易:家属误操作  中国经济网北京1月1日讯(记者 魏京婷)葛洲坝12月31日晚间发布公告表示,公司总经理和建生...
4            云南旅游宣传片登陆纽约时报广场  云南旅游宣传片登陆纽约时报广场...

           datetime      date
0 2015-01-01 00:05:10  20150101
1 2015-01-01 01:19:56  20150101
2 2015-01-01 06:39:36  20150101
3 2015-01-01 07:11:48  20150101
4 2015-01-01 12:31:12  20150101
In []:
    # 将 object 类型转换为 string 类型
    pre_data = pre_data.astype({'title':'string'})
    pre_data = pre_data.astype({'content':'string'})
    # 查看各列的数据类型
    pre_data.dtypes
Out[]:
    title                 string
    content               string
```

```
    datetime     datetime64[ns]
    date                  object
    dtype: object
In []:
    # 将标题 title 转换为 list 类型
    text=pre_data['title'].tolist()
    print(text[:10])
  Out[]:
    ['四机构逾 6 亿资金出逃万科 A 地产股仍获券商唱好', '[公司]GQY 视讯参股机器人公司股权降至 11%', '正泰电器', '葛洲坝高管股票账户短线交易:家属误操作', '云南旅游宣传片登陆纽约时报广场', '姚记扑克欲购公司或涉虚假宣传 跨界又生波折', '金利科技上市后迎来首亏,失败收购引发担忧', '上海外滩踩踏事故新华保险启动应急工作小组', '长城汽车哈弗 H5 优惠 2000 元 店内有现车', '江苏舜天官方宣布国安门将张思鹏加盟球队']
```

接下来,使用情感分析库中的 Sentiment 对象对文本数据进行情感分析,并将计算得到的正负情感值添加到 DataFrame 中。首先创建一个 Sentiment 对象,并传入参数,包括正面词典文件路径、负面词典文件路径、是否融合自定义词典,以及词典文件的编码方式。接着,通过循环遍历文本数据中的每个元素,利用 sentiment_calculate()方法计算每个文本数据的正负情感值,并将结果存储在 pos 和 neg 列表中。然后,将计算得到的正负情感值添加到 DataFrame 中的新列 pos 和 neg 中,并通过输出 DataFrame 的前几行来查看结果。具体代码如下。

```
In []:
    # 创建 Sentiment 对象,并传入参数
    senti = Sentiment(pos='CNKI_positiveEmotionWords.txt',
                                                # 正面词典 txt 文件相对路径
                      neg='CNKI_negativeEmotionWords.txt',
                                                # 负面词典 txt 文件相对路径
                      merge=True,     # 融合 cnsenti 自带词典和用户导入的自定义词典
                      encoding='utf-8')  # 两个 txt 文件均为 utf-8 编码
In []:
    # 运用 sentiment_calculate()进行正负情感计算
    length=len(text)
    pos=[]
    neg=[]
    for i in range(length):
        emotion = senti.sentiment_calculate(text[i])
        pos.append(emotion['pos'])
        neg.append(emotion['neg'])
```

```
    # 将正负情感值增加到 DataFrame
    pre_data['pos'] = pos
    pre_data['neg'] = neg
    print(pre_data.head())
Out[]:
                    title                                        content  \
0  四机构逾 6 亿资金出逃万科 A 地产股仍获券商唱好   12 月 31 日,万科 A 尾盘放量拉升并涨停,股价收报 13.90 元。盘后龙虎榜数据显示,该股当日有...
1  [公司]GQY 视讯参股机器人公司股权降至 11%   全景网 12 月 31 日讯 GQY 视讯(300076)周三晚间公告称,公司参股的新世纪机器人因近年来...
2                   正泰电器   公司将出资 1512 万元获得江苏绿城信息技术有限公司 18%的股权,绿城信息是一家专业从事电动汽...
3      葛洲坝高管股票账户短线交易:家属误操作   中国经济网北京 1 月 1 日讯(记者 魏京婷)葛洲坝 12 月 31 日晚间发布公告表示,公司总经理和建生...
4           云南旅游宣传片登陆纽约时报广场   云南旅游宣传片登陆纽约时报广场...

             datetime      date  pos   neg
0 2015-01-01 00:05:10  20150101  8.0  20.0
1 2015-01-01 01:19:56  20150101  0.0   0.0
2 2015-01-01 06:39:36  20150101  0.0   0.0
3 2015-01-01 07:11:48  20150101  0.0   0.0
4 2015-01-01 12:31:12  20150101  0.0   0.0
```

对经过情感分析后的正负情感值进行 Z-score 标准化处理,并计算每天的情感值。首先,通过计算每个情感值列的均值和标准差,对正负情感值进行 Z-score 标准化处理,以消除不同列之间的量纲差异,使得数据更加可比较和可解释。接着,通过计算每天的文本数量和每天的情感值总和,分别使用 groupby()方法对日期进行分组,以获取每天的文本数量和情感值总和。然后,将每天的情感值和文本数量存储在新的 DataFrame 中,并计算每天的平均情感值,将其线性扩大 10 倍,以便更直观地展示每天的情感趋势。再通过输出新的 DataFrame 来查看每天的情感值和文本数量的汇总情况。具体代码如下。

```
In []:
    # 对正负情感值进行 Z-score 标准化处理
    pre_data['norm_pos'] = (pre_data['pos']-np.mean(pre_data['pos']))/
(np.std(pre_data['pos']))
    pre_data['norm_neg'] = (pre_data['neg']-np.mean(pre_data['neg']))/
(np.std(pre_data['neg']))
    # 最终情感值=正情感值-负情感值
```

```
    pre_data['emotion']=pre_data['norm_pos']-pre_data['norm_neg']
    print(pre_data[:10])
Out[]:
                        title                                     content  \
0  四机构逾 6 亿资金出逃万科 A 地产股仍获券商唱好   12 月 31 日,万科 A 尾盘放量拉升并涨停,股价收报 13.90 元。盘后龙虎榜数据显示,该股当日有...
1  [公司]GQY 视讯参股机器人公司股权降至 11%   全景网 12 月 31 日讯 GQY 视讯(300076)周三晚间公告称,公司参股的新世纪机器人因近年来...
2                    正泰电器   公司将出资 1512 万元获得江苏绿城信息技术有限公司 18%的股权,绿城信息是一家专业从事电动汽...
3       葛洲坝高管股票账户短线交易:家属误操作   中国经济网北京 1 月 1 日讯(记者 魏京婷)葛洲坝 12 月 31 日晚间发布公告表示,公司总经理和建生...
4            云南旅游宣传片登陆纽约时报广场   云南旅游宣传片登陆纽约时报广场...
5     姚记扑克欲购公司或涉虚假宣传 跨界又生波折   财信网(记者 陶炜 许立婷)一直在寻找跨界转型机会的姚记扑克(002605)近日宣布,公司准...
6      金利科技上市后迎来首亏 失败收购引发担忧   财信网(记者 彭彬)2010 年上市的金利科技(002464)迎来上市后的首亏。金利科技昨日发...
7      上海外滩踩踏事故新华保险启动应急工作小组   新浪财经讯 1 月 1 日消息,12 月 31 日晚上海外滩发生踩踏事故后,新华保险立即启动应急工作小组...
8     长城汽车哈弗 H5 优惠 2000 元 店内有现车   编辑点评:长城哈弗 H5 是基于哈弗的生产平台衍生出来的一款新车型,它的主体结构与现款哈弗并未有...
9      江苏舜天官方宣布国安门将张思鹏加盟球队   江苏舜天队在其官方微博写道:"今天上午,江苏国信舜天足球俱乐部与球员张思鹏就加盟一事达成一致...

             datetime      date   pos   neg  norm_pos  norm_neg   emotion
0 2015-01-01 00:05:10  20150101   8.0  20.0  0.028309  5.859919 -5.831611
1 2015-01-01 01:19:56  20150101   0.0   0.0 -0.303539 -0.350969  0.047430
2 2015-01-01 06:39:36  20150101   0.0   0.0 -0.303539 -0.350969  0.047430
3 2015-01-01 07:11:48  20150101   0.0   0.0 -0.303539 -0.350969  0.047430
4 2015-01-01 12:31:12  20150101   0.0   0.0 -0.303539 -0.350969  0.047430
5 2015-01-01 14:14:52  20150101   5.0   9.0 -0.096134  2.443931 -2.540065
6 2015-01-01 14:15:41  20150101  12.0   5.0  0.194232  1.201753 -1.007521
7 2015-01-01 15:24:33  20150101   5.0  15.0 -0.096134  4.307197 -4.403332
8 2015-01-02 02:54:52  20150102  11.0   0.0  0.152751 -0.350969  0.503720
9 2015-01-02 13:25:43  20150102   0.0   0.0 -0.303539 -0.350969  0.047430
```

```
In []:
    # 计算每天的文本数量
    numberday = pre_data['emotion'].groupby(pre_data['date']).count()
    # 对每天的情感值进行汇总求和
    emotionday = pre_data['emotion'].groupby(pre_data['date']).sum()
In []:
    # 新建每天情感值与文本数量的 DataFrame
    new_data=pd.DataFrame()
    new_data['emotion'] = emotionday
    new_data['number'] = numberday
    # 计算每天的平均情感值并线性扩大 10 倍
    new_data['avgemotion'] = new_data['emotion']/new_data['number'] * 10
    print(new_data)
Out[]:
              emotion  number  avgemotion
  date
20150101  -13.592810       8  -16.991012
20150102    0.764503       3    2.548344
20150103    0.911375       3    3.037915
20150104    3.632877      21    1.729941
20150105   -1.105290     127   -0.087031
   ...         ...     ...         ...
20151017   -9.281850      48   -1.933719
20151018   -2.334995      30   -0.778332
20151019   -2.530997     118   -0.214491
20151020    5.630377     150    0.375358
20151021    3.993248     136    0.293621
[292 rows x 3 columns]
```

3) 计算情感指数和股价走势之间的相关系数

为分析情感值与股票价格涨跌幅之间的相关性,以探索情感对股票市场的影响程度,利用 Tushare 库获取证券交易数据,并结合之前计算得到的每天的情感值数据,进行相关性分析。首先,导入 Tushare 库,并利用用户提供的 TOKEN 创建 Tushare 对象。接着,通过 Tushare 对象获取股票代码为'000001.SZ'(深圳市场上的平安银行)的交易数据,时间范围为 2015 年 1 月 1 日至 2015 年 10 月 21 日,并按交易日期进行排序。然后,将交易日期的列名改为'date',以便后续合并数据。接下来,利用 Pandas 的 merge()函数将股票交易数据和情感值数据按照日期进行合并，形成最终的数据集。然后，计算最终数据集的相关系数矩阵，并提取情感值平均值(avgemotion)和股票价格涨跌幅(pct_chg)之间的相关系数。最后，输出相关系数矩阵和情感值与股票价格涨跌幅之间的相关系数。具体代码如下。

```
In []:
    # 导入 Tushare 库
    import tushare as ts
    # 运用 TOKEN 创建 Tushare 对象
    pro = ts.pro_api('bcf5ca838c2011c8ae95338962d6dec623ed6d5ff92d174f11b982fd')
    # 获取证券交易数据
    stock = pro.daily(ts_code='000001.SZ', start_date='20150101', end_
date='20151021')
    # 根据交易日期排序
    stock = stock.sort_values(by='trade_date')
    print(stock)
Out[]:
       ts_code   trade_date   open   high    low  close  pre_close  change  \
192  000001.SZ    20150105   15.99  16.28  15.60  16.02     15.84     0.18
191  000001.SZ    20150106   15.85  16.39  15.55  15.78     16.02    -0.24
190  000001.SZ    20150107   15.56  15.83  15.30  15.48     15.78    -0.30
189  000001.SZ    20150108   15.50  15.57  14.90  14.96     15.48    -0.52
188  000001.SZ    20150109   14.90  15.87  14.71  15.08     14.96     0.12
...     ...         ...       ...    ...    ...    ...       ...       ...
 4   000001.SZ    20151015   10.95  11.17  10.94  11.17     10.98     0.19
 3   000001.SZ    20151016   11.21  11.30  11.16  11.23     11.17     0.06
 2   000001.SZ    20151019   11.27  11.35  11.15  11.26     11.23     0.03
 1   000001.SZ    20151020   11.20  11.38  11.19  11.32     11.26     0.06
 0   000001.SZ    20151021   11.29  11.75  11.18  11.22     11.32    -0.10

      pct_chg        vol          amount
192     1.14  2860436.43  4.565388e+06
191    -1.50  2166421.40  3.453446e+06
190    -1.90  1700120.67  2.634796e+06
189    -3.36  1407714.21  2.128003e+06
188     0.80  2508500.23  3.835378e+06
..       ...        ...          ...
 4      1.73   485900.50  5.391037e+05
 3      0.54   570001.45  6.404889e+05
 2      0.27   723371.53  8.149110e+05
```

```
1     0.53    715163.28    8.076424e+05
0    -0.88   1332629.04    1.523592e+06
[193 rows x 11 columns]
In []:
    stock = stock.rename(columns={'trade_date': 'date'})
    # 合并 stock 与 new_data
    finally_data = pd.merge(stock,new_data,on=['date'],how='left')
    print(finally_data)
Out[]:
       ts_code      date   open   high    low  close  pre_close  change  \
0    000001.SZ  20150105  15.99  16.28  15.60  16.02      15.84    0.18
1    000001.SZ  20150106  15.85  16.39  15.55  15.78      16.02   -0.24
2    000001.SZ  20150107  15.56  15.83  15.30  15.48      15.78   -0.30
3    000001.SZ  20150108  15.50  15.57  14.90  14.96      15.48   -0.52
4    000001.SZ  20150109  14.90  15.87  14.71  15.08      14.96    0.12
..         ...       ...    ...    ...    ...    ...        ...     ...
188  000001.SZ  20151015  10.95  11.17  10.94  11.17      10.98    0.19
189  000001.SZ  20151016  11.21  11.30  11.16  11.23      11.17    0.06
190  000001.SZ  20151019  11.27  11.35  11.15  11.26      11.23    0.03
191  000001.SZ  20151020  11.20  11.38  11.19  11.32      11.26    0.06
192  000001.SZ  20151021  11.29  11.75  11.18  11.22      11.32   -0.10

     pct_chg        vol        amount    emotion  number  avgemotion
0       1.14  2860436.43  4.565388e+06  -1.105290     127   -0.087031
1      -1.50  2166421.40  3.453446e+06   1.446429     150    0.096429
2      -1.90  1700120.67  2.634796e+06  -6.277145     123   -0.510337
3      -3.36  1407714.21  2.128003e+06  -7.795138     123   -0.633751
4       0.80  2508500.23  3.835378e+06  12.712928     145    0.876754
..       ...         ...           ...        ...     ...         ...
188     1.73   485900.50  5.391037e+05  -4.201336     190   -0.221123
189     0.54   570001.45  6.404889e+05   1.883506     143    0.131714
190     0.27   723371.53  8.149110e+05  -2.530997     118   -0.214491
191     0.53   715163.28  8.076424e+05   5.630377     150    0.375358
192    -0.88  1332629.04  1.523592e+06   3.993248     136    0.293621
[193 rows x 14 columns]
In []:
    # 计算相关系数矩阵
    corr_matrix = finally_data.corr(method='pearson')
```

```
    print('corr_matrix:\n',corr_matrix)
    # 提取 avgemotion 和 pct_chg 之间的相关系数
    corr_xy = corr_matrix.loc['avgemotion', 'pct_chg']
    print('corr_xy:\n',corr_xy)
Out[]:
corr_matrix:
                open      high       low     close  pre_close    change  \
open        1.000000  0.989640  0.991799  0.982183   0.994101  0.042047
high        0.989640  1.000000  0.985701  0.993278   0.985979  0.132190
low         0.991799  0.985701  1.000000  0.987939   0.987587  0.099473
close       0.982183  0.993278  0.987939  1.000000   0.977421  0.203652
pre_close   0.994101  0.985979  0.987587  0.977421   1.000000 -0.007819
change      0.042047  0.132190  0.099473  0.203652  -0.007819  1.000000
pct_chg     0.028310  0.115047  0.083645  0.186310  -0.022846  0.987557
vol         0.569371  0.636395  0.530626  0.602975   0.569725  0.213776
amount      0.680253  0.741215  0.649851  0.712554   0.677394  0.233475
emotion    -0.060667 -0.041861 -0.069979 -0.064129  -0.048458 -0.078958
number     -0.110004 -0.100517 -0.102999 -0.102025  -0.096421 -0.036067
avgemotion -0.047676 -0.033929 -0.052317 -0.052003  -0.036589 -0.076570

             pct_chg       vol    amount   emotion    number  avgemotion
open        0.028310  0.569371  0.680253 -0.060667 -0.110004   -0.047676
high        0.115047  0.636395  0.741215 -0.041861 -0.100517   -0.033929
low         0.083645  0.530626  0.649851 -0.069979 -0.102999   -0.052317
close       0.186310  0.602975  0.712554 -0.064129 -0.102025   -0.052003
pre_close  -0.022846  0.569725  0.677394 -0.048458 -0.096421   -0.036589
change      0.987557  0.213776  0.233475 -0.078958 -0.036067   -0.076570
pct_chg     1.000000  0.207488  0.219509 -0.092848 -0.022809   -0.089482
vol         0.207488  1.000000  0.981644  0.079991 -0.031304    0.040397
amount      0.219509  0.981644  1.000000  0.035107 -0.040788    0.004446
emotion    -0.092848  0.079991  0.035107  1.000000  0.032104    0.986909
number     -0.022809 -0.031304 -0.040788  0.032104  1.000000    0.020609
avgemotion -0.089482  0.040397  0.004446  0.986909  0.020609    1.000000
corr_xy:
-0.08948154974788744
```

4）数据可视化

为可视化情感值和证券价格涨跌幅之间的波动情况，更直观地观察两者之间的关系，绘制情感波动图和证券价格波动图，如图 3.1 所示，以展示情感值和证券价格之间的波动情况。首先，创建一个大小为(10,8)的图形对象，并将其分为两个子图。第一个子图用于绘制情感波动图，标题为'emotion fluctuation'，横轴为日期，纵轴为情感值，线条颜色为红色。第二个子图用于绘制证券价格波动图，标题为'stock fluctuation'，横轴同样为日期，纵轴为证券价格涨跌幅（pct_chg），线条颜色为蓝色。最后，通过调用 plt.show()方法显示绘制好的图形。整体而言，作用是可视化情感值和证券价格涨跌幅之间的波动情况，以便更直观地观察两者之间的关系。具体代码如下。

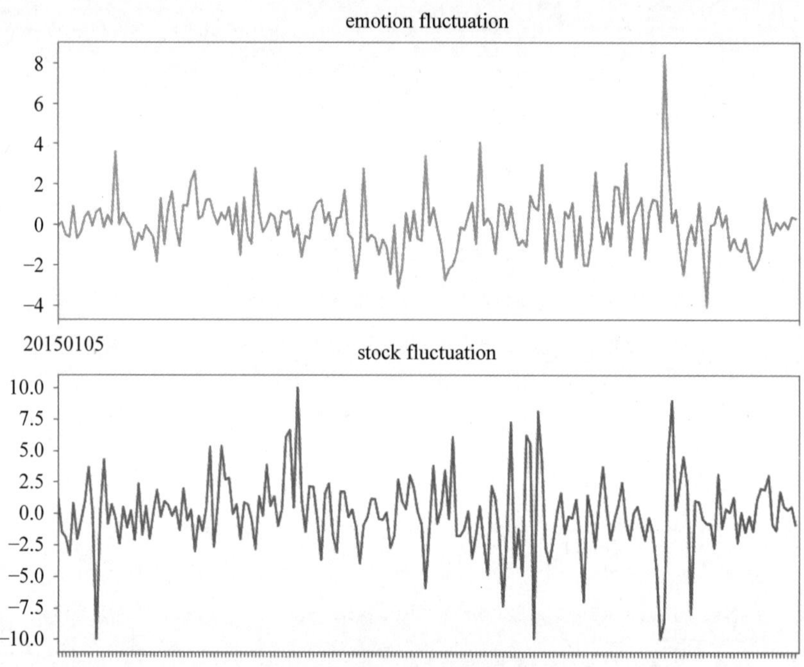

图 3.1　情绪与股价波动

```
In []:
    # 绘制情感波动图和证券价格波动图
    fig=plt.figure(figsize=(10,8))
    ax1 = fig.add_subplot(2,1,1)              # 绘制第 1 幅子图
    plt.title('emotion fluctuation')
    plt.xlim(0,len(finally_data))
    plt.xticks([0,len(finally_data)])
    plt.plot(finally_data['date'],finally_data['avgemotion'],'r-')
    ax2 = fig.add_subplot(2,1,2)              # 绘制第 2 幅子图
    plt.title('stock fluctuation')
```

```
    plt.xlim(0,len(finally_data))
    plt.plot(finally_data['date'],finally_data['pct_chg'],'b-')
    plt.show()
Out[]:
```

3.1.4　小结

本案例揭示证券文本信息的情感倾向与股价波动之间的相互关系，突显文本情感分析在金融领域的应用价值。然而，研究在某些方面还存在局限，例如，使用的数据量有限，分析的时间跨度短，以及忽略可能影响结果的其他变量等。为提升研究的准确性和可靠性，建议未来的研究中扩充数据集规模，延伸研究的时间范围，并纳入更多可能影响股价变动的因素，从而增加分析的深度与广度。这些改进将有助于更全面地理解文本情感分析在预测股价走势中的潜力和局限，为投资者提供更精准的决策支持。

3.2　信贷风险预测

3.2-1
视频讲解

3.2.1　案例背景

信贷风险预测是金融领域中的一个核心任务，其目的是通过分析借款人的个人资料、银行交易记录、信用卡账单、上网行为等数据，来预测借款人可能出现的逾期还款行为。这一预测对于金融机构在进行信用评估和授信决策时至关重要，它直接关联到机构的营利能力和稳定性，同时也影响到借款人的信用记录和个人福祉。

传统的信贷风险评估方法主要依赖人工经验和简单的规则判断，或者使用基于统计学的模型，例如，逻辑回归和决策树。然而，这些方法面临多个挑战，人工判断可能缺乏客观性和准确性，难以适应市场和消费者需求的快速变化；统计模型难以捕捉数据中的复杂非线性关系，且依赖繁重的特征工程和调参工作；数据问题如缺失值、异常值和噪声等可能降低模型性能；高维度和大规模的数据集增加模型的计算和存储负担；多样化的数据来源和类型要求采用不同的处理和建模策略。

为应对这些挑战，机器学习和深度学习技术被广泛引入信贷风险预测中。这些先进的方法带来显著的优势：它们能够自动从数据中提取有用的特征和模式，无须依赖人工干预或者先验知识；能够有效处理高维度、大规模、多源和多类型的数据，增强模型的表达和泛化能力；通过采用神经网络、卷积神经网络(CNN)、循环神经网络(RNN)、长短期记忆网络(LSTM)、自编码器、生成对抗网络(GAN)等多样的网络结构和算法，可以更好地适应不同数据特性和预测任务的需求。

3.2.2 数据来源与运行环境

本案例所用数据集是一个关于信用卡客户违约情况的数据集，来源于UCI机器学习库，由Yeh I. C.和Lien C. H.在2009年发表的论文中使用。该数据集包含来自中国台湾地区的信用卡持卡人的个人信息以及从2005年4月到2005年9月的信用卡信息。共有30 000条记录，每条记录有25个变量，包括客户ID、信用额度、性别、教育程度、婚姻状况、年龄、还款状态、账单金额、还款金额以及是否违约等。数据集的目标变量是dpnm(default.payment.next.month)，表示客户是否发生逾期30天以上的违约行为，1表示是，0表示否。

该数据集用于探索信用卡客户的违约概率与不同的人口统计和信用数据之间的关系，以及建立机器学习或深度学习的模型来预测客户的违约风险。

本案例的运行环境是Anaconda，使用一些常用的数据分析库，例如：

- NumPy：用于进行高效的数值计算。
- Pandas：用于进行数据的读取、处理和分析。
- Matplotlib和Seaborn：用于进行数据的可视化。
- Scikit-learn：用于进行机器学习的数据预处理、模型训练和评估。
- TensorFlow和Keras：用于构建和训练深度学习的神经网络。

3.2.3 分析过程与代码实现

1. 分析过程

(1) 导入数据：加载Default-of-Credit-Card-Clients数据集。

(2) 主训练集探索：对主训练集进行基本的数据探索，如查看数据维度、缺失值、异常值、数据分布等，对数据进行可视化分析，如绘制柱状图、箱线图、散点图等，探索不同特征与目标变量之间的关系和区分度。

(3) 利用辅助训练集信息：对辅助训练集进行特征工程，如计算统计特征、分箱特征、交叉特征等，并将新生成的特征与主训练集进行合并。

(4) 特征筛选：对合并后的训练集进行特征筛选，如剔除缺失值过多或相关性过高的特征。

(5) 模型训练与预测：选择合适的机器学习或深度学习的算法，如逻辑回归、随机森林、梯度提升树、神经网络，对训练集进行模型训练，并对测试集进行模型预测。使用一些评价指标，如准确率、召回率、F1值等，来评估模型的性能和效果。使用一些优化方法，如网格搜索、交叉验证等，来调整模型的参数和超参数，提高模型的泛化能力。

2. 代码实现

1) 导入工具库及数据集

加载所需的Python库，并加载信贷数据。首先，导入Pandas、NumPy、Seaborn、Matplotlib.pyplot等库，用于数据处理、可视化和建模。然后，通过pd.read_csv()函数从名为'default-of-credit-card-clients.csv'的 CSV 文件中加载信贷数据，将数据存储在 DataFrame 对象 df 中。具体代码如下。

```
In []:
    # 加载所需的库
    import pandas as pd
    import numpy as np
    import seaborn as sns
    import matplotlib.pyplot as plt
    from sklearn.preprocessing import StandardScaler
    from sklearn.preprocessing import MinMaxScaler
    from sklearn.model_selection import train_test_split
    from sklearn.linear_model import LogisticRegression
    from sklearn.metrics import classification_report, confusion_matrix, ConfusionMatrixDisplay
    %matplotlib inline
In []:
    # 加载信贷数据
    df = pd.read_csv('default-of-credit-card-clients.csv')
```

2）探索性数据分析

通过 df.head()函数查看数据的前 5 行，以了解数据的结构和内容。接着，通过 df.info()函数查看数据集的基本信息，包括每列的数据类型和非空值数量，以及通过 df.describe()函数查看数据集的常用统计信息，如均值、标准差、最小值、最大值等。然后，通过 df = df.drop('ID', axis = 1)删除数据中的 ID 列，因为 ID 通常是唯一标识符，对数据分析和建模没有实际意义。接下来，通过 df.duplicated().sum()统计数据中的重复值数量，发现有 35 个重复条目。通过 df = df.drop_duplicates()删除重复值，确保数据集中不含有重复条目。通过这些数据清洗步骤，可以保证数据集的质量，减少数据分析和建模过程中的干扰因素，从而更好地进行后续的数据探索和建模分析。具体代码如下。

```
In []:
    # 查看前 5 行数据
    df.head()
Out[]:
```

	ID	LIMIT_BAL	SEX	EDUCATION	MARRIAGE	AGE	PAY_1	PAY_2	PAY_3	PAY_4	...	BILL_AMT4	BILL_AMT5	BILL_AMT6	PAY_AMT1	PAY_AMT2	PAY_AMT3	PAY_AMT4	PAY_AMT5	PAY_AMT6	dpnm
0	1	20000	2	2	1	24	2	2	-1	-1	...	0	0	0	0	689	0	0	0	0	1
1	2	120000	2	2	2	26	-1	2	0	0	...	3272	3455	3261	0	1000	1000	1000	0	2000	1
2	3	90000	2	2	2	34	0	0	0	0	...	14331	14948	15549	1518	1500	1000	1000	1000	5000	0
3	4	50000	2	2	1	37	0	0	0	0	...	28314	28959	29547	2000	2019	1200	1100	1069	1000	0
4	5	50000	1	2	1	57	-1	0	-1	0	...	20940	19146	19131	2000	36681	10000	9000	689	679	0

```
5 rows × 25 columns
In []:
    df.info()
Out[]:
    <class 'pandas.core.frame.DataFrame'>
    RangeIndex: 30000 entries, 0 to 29999
    Data columns (total 25 columns):
     #   Column      Non-Null Count    Dtype
    ---  ------      --------------    -----
     0   ID          30000 non-null    int64
     1   LIMIT_BAL   30000 non-null    int64
     2   SEX         30000 non-null    int64
     3   EDUCATION   30000 non-null    int64
     4   MARRIAGE    30000 non-null    int64
     5   AGE         30000 non-null    int64
     6   PAY_1       30000 non-null    int64
     7   PAY_2       30000 non-null    int64
     8   PAY_3       30000 non-null    int64
     9   PAY_4       30000 non-null    int64
     10  PAY_5       30000 non-null    int64
     11  PAY_6       30000 non-null    int64
     12  BILL_AMT1   30000 non-null    int64
     13  BILL_AMT2   30000 non-null    int64
     14  BILL_AMT3   30000 non-null    int64
     15  BILL_AMT4   30000 non-null    int64
     16  BILL_AMT5   30000 non-null    int64
     17  BILL_AMT6   30000 non-null    int64
     18  PAY_AMT1    30000 non-null    int64
     19  PAY_AMT2    30000 non-null    int64
     20  PAY_AMT3    30000 non-null    int64
     21  PAY_AMT4    30000 non-null    int64
     22  PAY_AMT5    30000 non-null    int64
     23  PAY_AMT6    30000 non-null    int64
     24  dpnm        30000 non-null    int64
    dtypes: int64(25)
    memory usage: 5.7 MB
```

从以上信息来看，数据集有 30 000 行、25 列，没有缺失值。

```
In []:
    # 查看数据集的常用统计信息
    df.describe()
Out[]:
ID     LIMIT_BAL     SEX     EDUCATION     MARRIAGE     AGE
       PAY_1     PAY_2     PAY_3     PAY_4     ...     BILL_AMT4
       BILL_AMT5     BILL_AMT6     PAY_AMT1     PAY_AMT2
       PAY_AMT3     PAY_AMT4     PAY_AMT5     PAY_AMT6
       dpnm
count     30000.000000     30000.000000     30000.000000     30000.000000
          30000.000000     30000.000000     30000.000000     30000.000000
          30000.000000     30000.000000     ...              30000.000000
          30000.000000     30000.000000     30000.000000     3.000000e+04
          30000.00000      30000.000000     30000.000000     30000.000000
          30000.000000
mean     15000.500000  167484.322667  1.603733  1.853133  1.551867  35.485500
         -0.016700  -0.133767  -0.166200  -0.220667  ...  43262.948967
         40311.400967  38871.760400  5663.580500  5.921163e+03
         5225.68150  4826.076867  4799.387633  5215.502567
         0.221200
std     8660.398374     129747.661567     0.489129     0.790349     0.521970     9.217904
        1.123802     1.197186     1.196868     1.169139     ...     64332.856134
        60797.155770     59554.107537     16563.280354     2.304087e+04
        17606.96147     15666.159744     15278.305679     17777.465775
        0.415062
min     1.000000  10000.000000  1.000000  0.000000  0.000000  21.000000  -2.000000
        -2.000000  -2.000000  -2.000000  ...  -170000.000000  -81334.000000
        -339603.000000  0.000000  0.000000e+00  0.00000  0.000000  0.000000
        0.000000  0.000000
25%     7500.750000     50000.000000     1.000000     1.000000     1.000000     28.000000
        -1.000000     -1.000000     -1.000000     -1.000000     ...     2326.750000
        1763.000000     1256.000000     1000.000000     8.330000e+02
        390.00000     296.000000     252.500000     117.750000     0.000000
```

```
50%    15000.500000   140000.000000   2.000000   2.000000   2.000000   34.000000
       0.000000   0.000000   0.000000   0.000000   ...   19052.000000
       18104.500000   17071.000000   2100.000000   2.009000e+03
       1800.00000   1500.000000   1500.000000   1500.000000
       0.000000
75%    22500.250000   240000.000000   2.000000   2.000000   2.000000   41.000000
       0.000000   0.000000   0.000000   0.000000   ...   54506.000000
       50190.500000   49198.250000   5006.000000   5.000000e+03
       4505.00000   4013.250000   4031.500000   4000.000000
       0.000000
max    30000.000000  1000000.000000  2.000000  6.000000  3.000000  79.000000
       8.000000  8.000000  8.000000  8.000000  ...  891586.000000
       927171.000000  961664.000000  873552.000000  1.684259e+06
       896040.00000  621000.000000  426529.000000  528666.000000
       1.000000
8 rows × 25 columns
In []:
    # 删除 ID 列
    df = df.drop('ID', axis = 1)
```

在下面的代码中检查重复项。可以确认没有缺失值或重复条目。

```
In []:
    # 统计重复值数量
    df.duplicated().sum()
Out[]:
    35
In []:
    # 删除重复值
    df = df.drop_duplicates()
In []:
    df.info()
Out[]:
    <class 'pandas.core.frame.DataFrame'>
    Int64Index: 29965 entries, 0 to 29999
    Data columns (total 24 columns):
```

```
 #    Column       Non-Null Count    Dtype
---   ------       --------------    -----
 0    LIMIT_BAL    29965 non-null    int64
 1    SEX          29965 non-null    int64
 2    EDUCATION    29965 non-null    int64
 3    MARRIAGE     29965 non-null    int64
 4    AGE          29965 non-null    int64
 5    PAY_1        29965 non-null    int64
 6    PAY_2        29965 non-null    int64
 7    PAY_3        29965 non-null    int64
 8    PAY_4        29965 non-null    int64
 9    PAY_5        29965 non-null    int64
 10   PAY_6        29965 non-null    int64
 11   BILL_AMT1    29965 non-null    int64
 12   BILL_AMT2    29965 non-null    int64
 13   BILL_AMT3    29965 non-null    int64
 14   BILL_AMT4    29965 non-null    int64
 15   BILL_AMT5    29965 non-null    int64
 16   BILL_AMT6    29965 non-null    int64
 17   PAY_AMT1     29965 non-null    int64
 18   PAY_AMT2     29965 non-null    int64
 19   PAY_AMT3     29965 non-null    int64
 20   PAY_AMT4     29965 non-null    int64
 21   PAY_AMT5     29965 non-null    int64
 22   PAY_AMT6     29965 non-null    int64
 23   dpnm         29965 non-null    int64
dtypes: int64(24)
memory usage: 5.7 MB
```

利用Seaborn库绘制数据集中的三个特征('AGE'、'BILL_AMT4'和'PAY_AMT6')的核密度直方图，并通过相关热力图来查看变量之间的相关性。首先，使用sns.displot()函数分别绘制'AGE'、'BILL_AMT4'和'PAY_AMT6'三个特征的核密度直方图，分别如图3.2～图3.4所示，其中，参数bins指定直方图的柱子数量，参数kde设为True表示同时显示核密度估计曲线。接着，使用plt.figure(figsize = (12,8))设定绘图的尺寸，然后利用sns.heatmap()函数绘制数据集中所有特征之间的相关热力图，如图3.5所示，其中，颜色深浅表示相关性的强弱，越浅表示相关性越强，越深表示相关性越弱。这些图形有助于我们更直观地了解数据集中各个特征之间的分布情况和相互关系。具体代码如下。

In []:

```
# 绘制'AGE'核密度直方图
sns.displot(df['AGE'], bins = 20, kde = True)
```

Out[]:

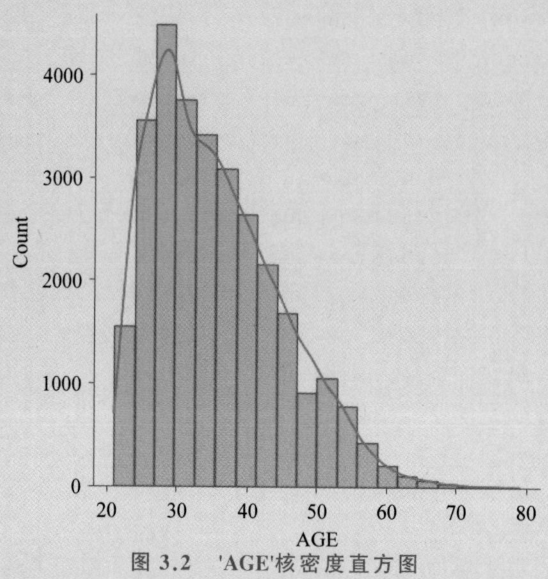

图 3.2 'AGE'核密度直方图

In []:

```
# 绘制'BILL_AMT4'核密度直方图
sns.displot(df['BILL_AMT4'], bins = 30, kde = True)
```

Out[]:

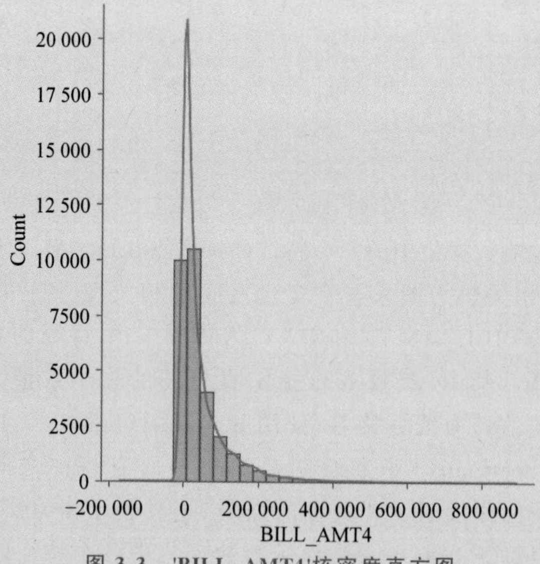

图 3.3 'BILL_AMT4'核密度直方图

In []:

```
    # 绘制'PAY_AMT6'核密度直方图
    sns.displot(df['PAY_AMT6'], bins = 30, kde = True)
Out[]:
```

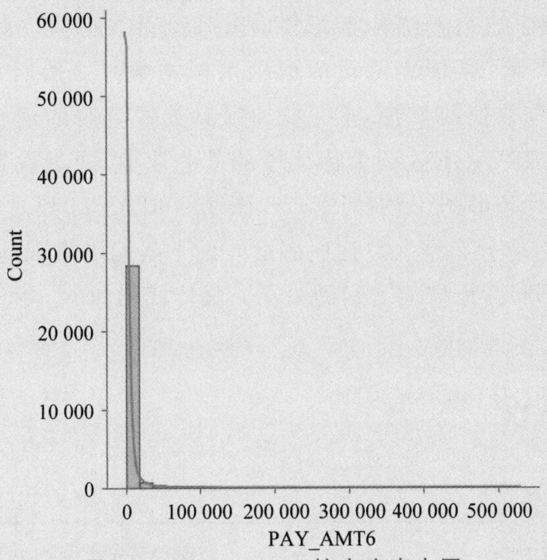

图 3.4　'PAY_AMT6'核密度直方图

```
In []:
    # 绘制相关热力图查看变量之间的关系
    plt.figure(figsize = (12,8))
    sns.heatmap(df.corr())
Out[]:
```

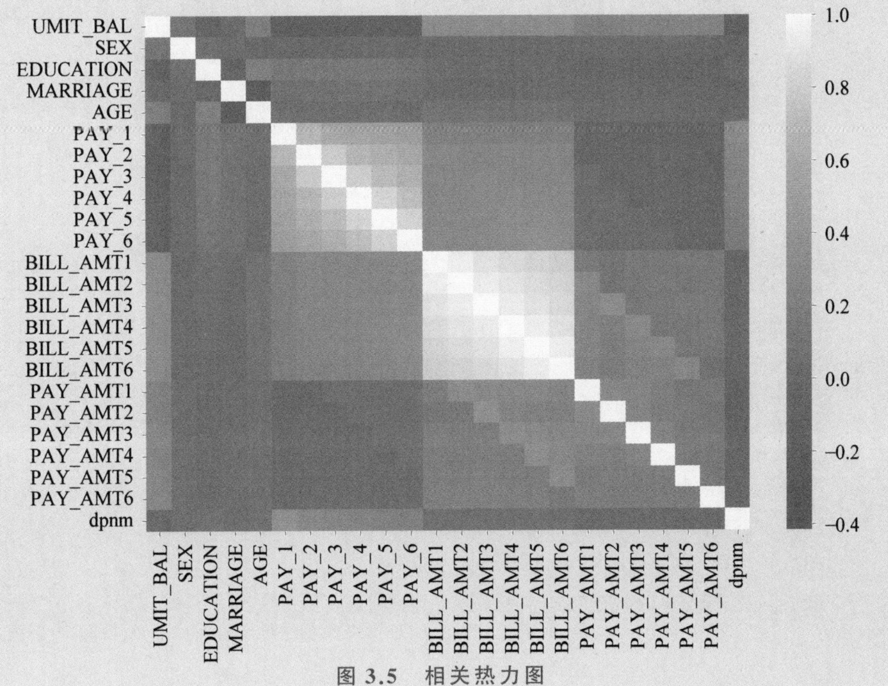

图 3.5　相关热力图

利用 Seaborn 库绘制关于数据集中几个分类特征('SEX'、'EDUCATION'和'MARRIAGE')的个数统计条形图,并且针对其中一些特征,绘制在另一个特征上的分组统计条形图。首先,使用 sns.countplot()函数分别绘制'SEX'、'EDUCATION'和'MARRIAGE'三个特征的个数统计条形图,分别如图 3.6、图 3.8 和图 3.10 所示,其中,横轴表示特征的取值,纵轴表示对应取值的样本数量。然后,通过 value_counts()函数计算各个特征不同取值的个数,进一步加深对数据分布的理解。接着,针对'SEX'、'EDUCATION'和'MARRIAGE'这三个特征中的某些取值,通过设置 hue 参数,绘制在另一个特征上的分组统计条形图,分别如图 3.7、图 3.9 和图 3.11 所示,以观察不同特征取值在目标变量('dpnm')上的分布情况。这些图形有助于我们更直观地了解数据集中分类特征的分布情况,以及不同特征取值之间的关系。具体代码如下。

```
In []:
    # 绘制'SEX'个数统计条形图
    sns.countplot(x = 'SEX', data= df)
Out[]:
```

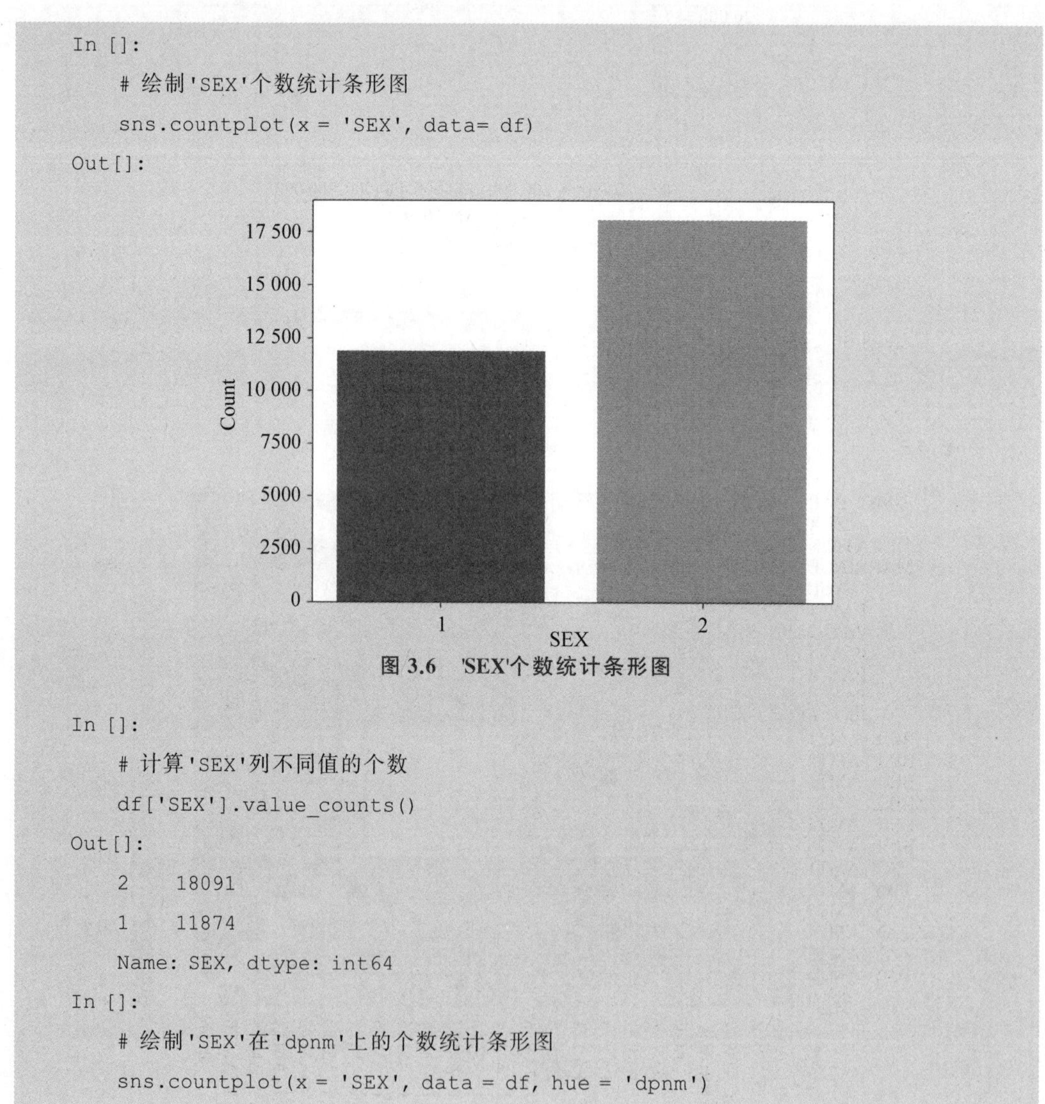

图 3.6 'SEX'个数统计条形图

```
In []:
    # 计算'SEX'列不同值的个数
    df['SEX'].value_counts()
Out[]:
    2    18091
    1    11874
    Name: SEX, dtype: int64
In []:
    # 绘制'SEX'在'dpnm'上的个数统计条形图
    sns.countplot(x = 'SEX', data = df, hue = 'dpnm')
```

Out[]:

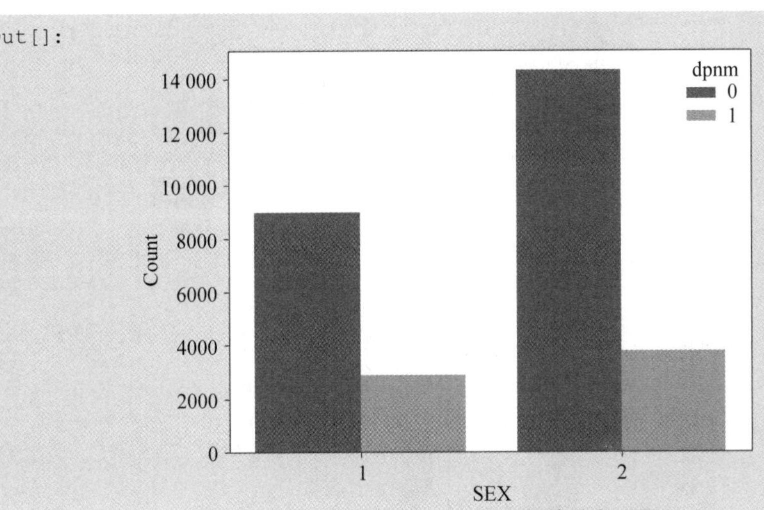

图 3.7 'SEX'在'dpnm'上的个数统计条形图

```
In []:
    # 计算'EDUCATION'列不同值的个数
    df['EDUCATION'].value_counts()
Out[]:
    2    14019
    1    10563
    3     4915
    5      280
    4      123
    6       51
    0       14
    Name: EDUCATION, dtype: int64
In []:
    # 绘制'EDUCATION'个数统计条形图
    sns.countplot(x = 'EDUCATION', data = df)
Out[]:
```

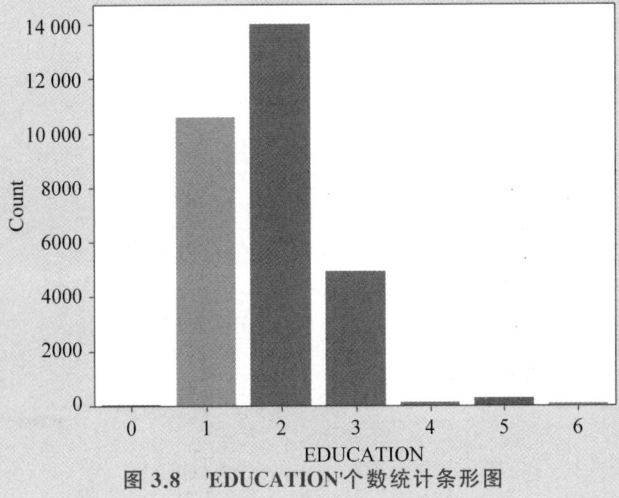

图 3.8 'EDUCATION'个数统计条形图

```
In []:
    # 绘制'EDUCATION'在'dpnm'上的个数统计条形图
    sns.countplot(x = 'EDUCATION', data = df, hue = 'dpnm')
Out[]:
```

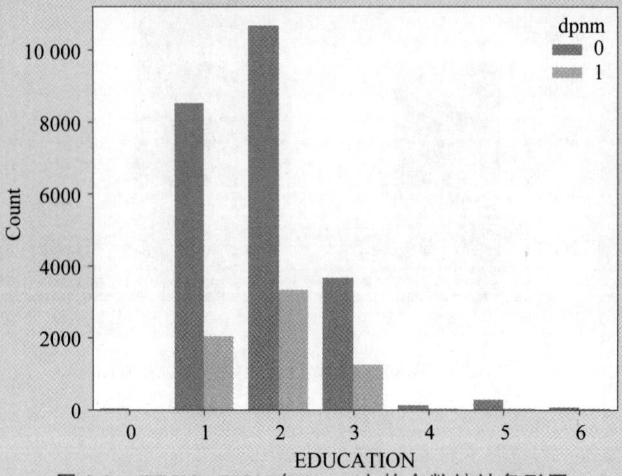

图 3.9 'EDUCATION'在'dpnm'上的个数统计条形图

```
In []:
    # 计算'MARRIAGE'列不同值的个数
    df['MARRIAGE'].value_counts()
Out[]:
    2    15945
    1    13643
    3      323
    0       54
    Name: MARRIAGE, dtype: int64
In []:
    # 绘制'MARRIAGE'个数统计条形图
    sns.countplot(x = 'MARRIAGE', data = df)
Out[]:
```

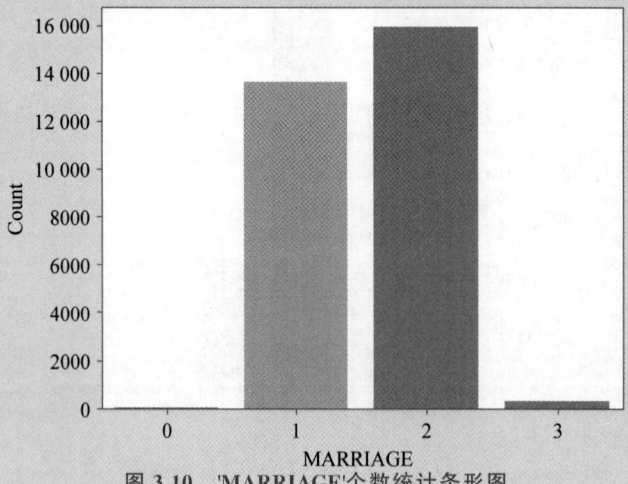

图 3.10 'MARRIAGE'个数统计条形图

```
In []:
    # 绘制'MARRIAGE'在'dpnm'上的个数统计条形图
    sns.countplot(x = 'MARRIAGE', data = df, hue = 'dpnm')
Out[]:
```

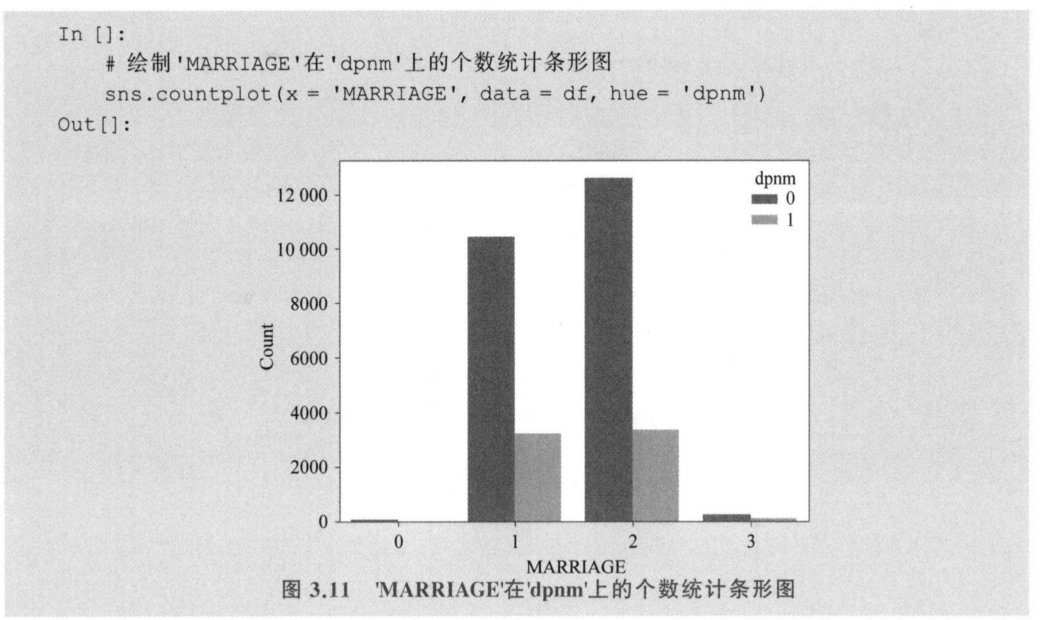

图 3.11　'MARRIAGE'在'dpnm'上的个数统计条形图

从以上分布图来看,数据中似乎存在异常值。查看是否存在异常值的一种方法是利用 Seaborn 库绘制两个连续型特征('LIMIT_BAL'和'PAY_AMT6')的箱线图。箱线图是一种常用的数据可视化方式,通过显示数据的分布情况,包括中位数、四分位数、异常值等,有助于了解数据的整体分布特征和异常情况。首先,使用 sns.boxplot()函数分别绘制'LIMIT_BAL'和'PAY_AMT6'两个特征的箱线图,如图 3.12 和图 3.13 所示,其中,横轴表示特征的取值,纵轴表示对应特征的数值范围。通过箱线图可以观察到数据的中位数、上下四分位数、上下限以及异常值的情况。具体代码如下。

```
In []:
    # 绘制信用金额'LIMIT_BAL'箱线图
    sns.boxplot(x = 'LIMIT_BAL', data = df)
Out[]:
```

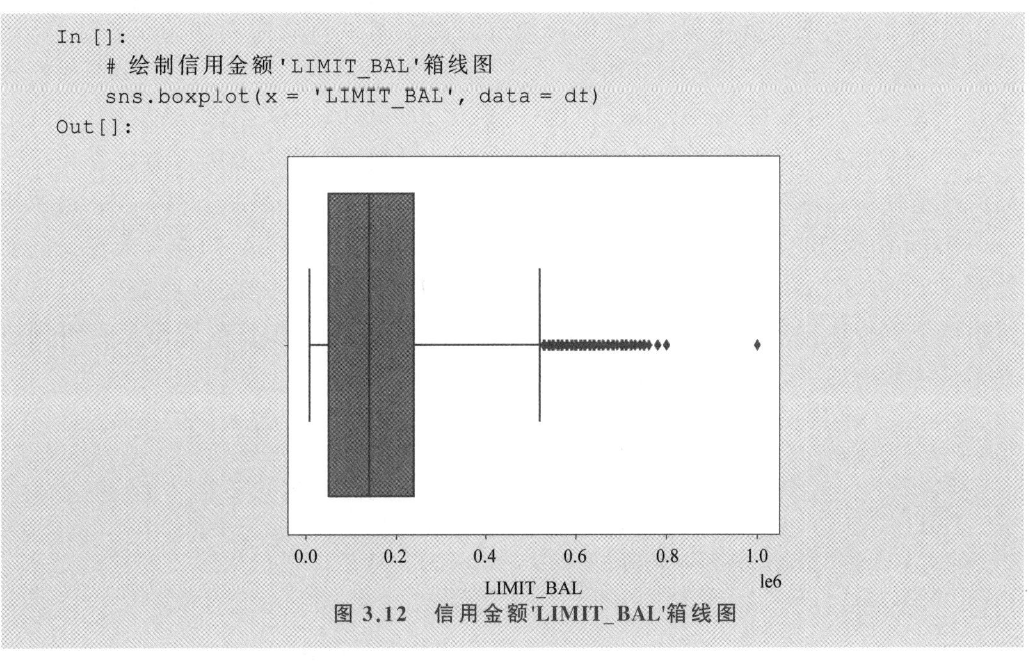

图 3.12　信用金额'LIMIT_BAL'箱线图

```
In []:
    # 绘制信用金额'PAY_AMT6'箱线图
    sns.boxplot(x = 'PAY_AMT6', data = df)
Out[]:
```

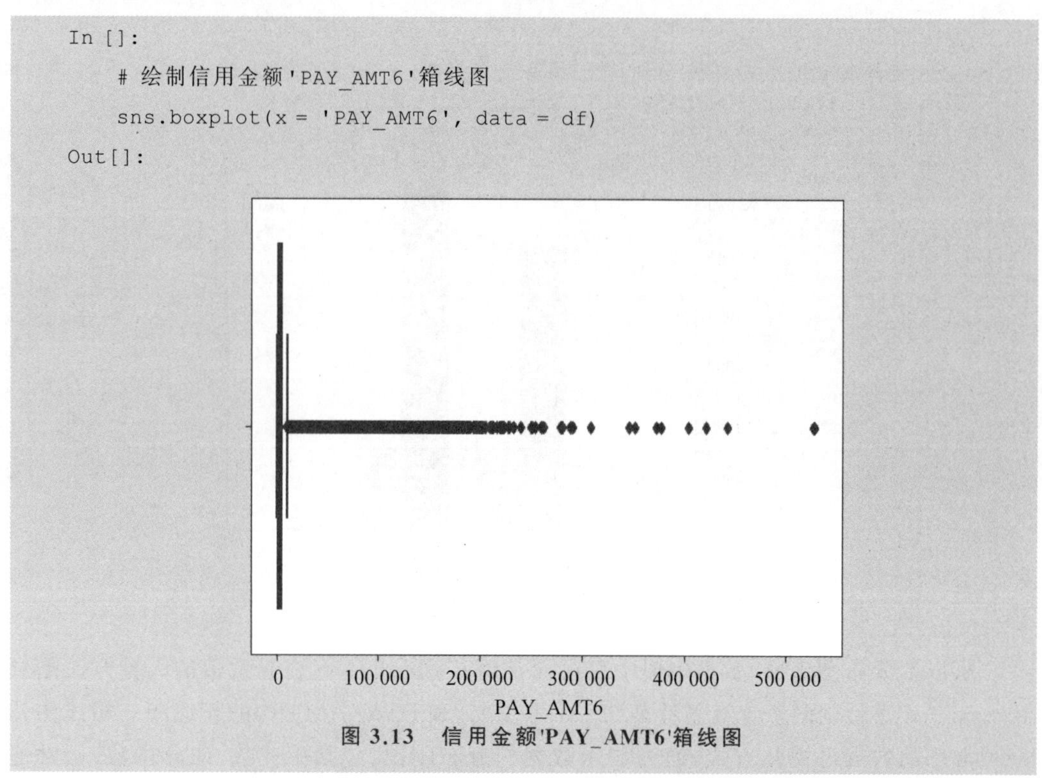

图 3.13 信用金额'PAY_AMT6'箱线图

超过 0.6(600 000)的信贷金额和 4 月份超过 50 000 的付款金额似乎存在相当多的异常值。

为消除其中一些异常值,重新设计 DataFrame,限制余额上限为 550 000,4 月份的支付金额上限为 50 000。通过筛选操作,从数据框中删除'LIMIT_BAL'和'PAY_AMT6'两个特征中的异常值,并使用新的数据框绘制更新后的箱线图。首先,通过 df[(df['LIMIT_BAL'] <= 550 000) & (df['PAY_AMT6'] <= 50 000)]的筛选条件,从原始数据框中剔除'LIMIT_BAL'不大于 550 000 和'PAY_AMT6'不大于 50 000 的数据行,以消除这两个特征的异常值。接着,使用 df.info()函数查看更新后的数据框信息,确认数据筛选的效果,发现剩余 29 327 个条目。然后,分别使用 sns.boxplot()函数绘制更新后数据框中'LIMIT_BAL'和'PAY_AMT6'两个特征的新箱线图,如图 3.14 和图 3.15 所示,以观察数据的分布情况。通过这些操作,可以更清晰地了解特征中的异常值情况是否得到处理,以及数据的分布情况是否得到改善。具体代码如下。

```
In []:
    df = df[(df['LIMIT_BAL'] <= 550000) & (df['PAY_AMT6'] <= 50000)]
In []:
    # 查看更新后的数据框查看剩余数量,剩余 29327 个条目
    df.info()
```

```
Out[]:
    <class 'pandas.core.frame.DataFrame'>
    Int64Index: 29327 entries, 0 to 29999
    Data columns (total 24 columns):
     #    Column       Non-Null Count    Dtype
    ---   ------     --------------    -----
     0    LIMIT_BAL    29327 non-null    int64
     1    SEX          29327 non-null    int64
     2    EDUCATION    29327 non-null    int64
     3    MARRIAGE     29327 non-null    int64
     4    AGE          29327 non-null    int64
     5    PAY_1        29327 non-null    int64
     6    PAY_2        29327 non-null    int64
     7    PAY_3        29327 non-null    int64
     8    PAY_4        29327 non-null    int64
     9    PAY_5        29327 non-null    int64
     10   PAY_6        29327 non-null    int64
     11   BILL_AMT1    29327 non-null    int64
     12   BILL_AMT2    29327 non-null    int64
     13   BILL_AMT3    29327 non-null    int64
     14   BILL_AMT4    29327 non-null    int64
     15   BILL_AMT5    29327 non-null    int64
     16   BILL_AMT6    29327 non-null    int64
     17   PAY_AMT1     29327 non-null    int64
     18   PAY_AMT2     29327 non-null    int64
     19   PAY_AMT3     29327 non-null    int64
     20   PAY_AMT4     29327 non-null    int64
     21   PAY_AMT5     29327 non-null    int64
     22   PAY_AMT6     29327 non-null    int64
     23   dpnm         29327 non-null    int64
    dtypes: int64(24)
    memory usage: 5.6 MB
In []:
    # 查看消除异常值后的'LIMIT_BAL'新箱线图
    sns.boxplot(x = 'LIMIT_BAL', data = df)
Out[]:
```

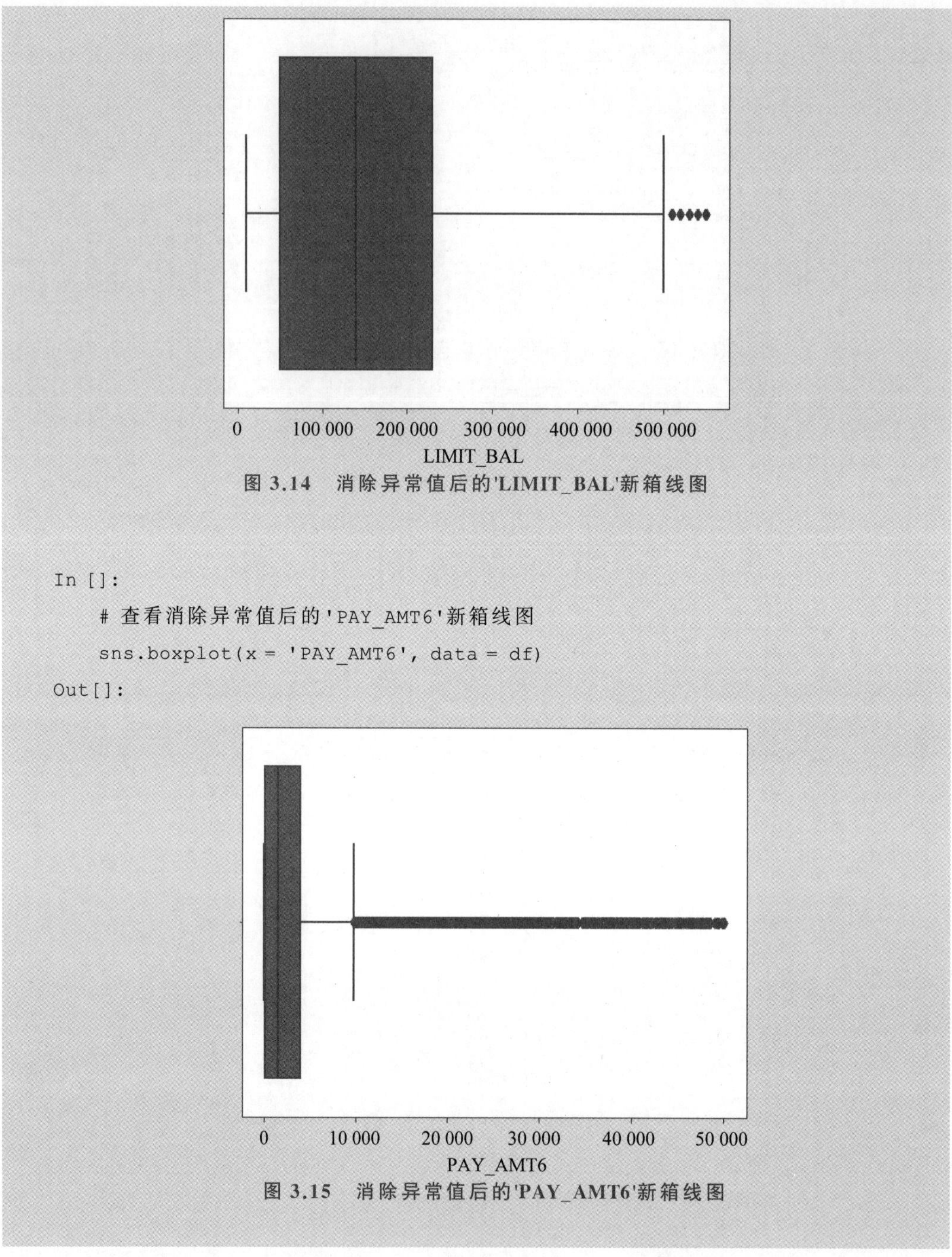

图 3.14　消除异常值后的'LIMIT_BAL'新箱线图

```
In []:
    # 查看消除异常值后的'PAY_AMT6'新箱线图
    sns.boxplot(x = 'PAY_AMT6', data = df)
Out[]:
```

图 3.15　消除异常值后的'PAY_AMT6'新箱线图

3）标准化数据

利用 StandardScaler 对数据进行标准化处理。首先，通过 StandardScaler().fit(df.drop('dpnm', axis = 1))创建一个 StandardScaler 对象，并使用 fit()方法对数据集中除目标变量('dpnm')以外的所有特征进行拟合，以计算每个特征的均值和标准差。然后，通过 scaler.transform(df.drop('dpnm', axis = 1))对数据集中除目标变量以外的所有特征进行标准化处理，将每个特征的值转换为均值为 0、标准差为 1 的标准正态分布。这种标准化处理可以消除特征之间的量纲差异，使得模型训练过程更加稳定和准确。具体代码如下。

```
In []:
    scaler = StandardScaler().fit(df.drop('dpnm', axis = 1))
In []:
    scaled_data = scaler.transform(df.drop('dpnm', axis = 1))
```

4）划分训练集和测试集

使用 train_test_split()函数将数据集分割为训练集和测试集。其中，scaled_data 是经过标准化处理后的特征数据，df['dpnm']是目标变量数据。通过设置 test_size=0.30，将数据集划分为 70%的训练集和 30%的测试集。random_state=42 参数用于设置随机种子，以确保每次运行时分割结果的一致性。最终，将分割后的训练集和测试集分别赋值给 X_train、X_test、y_train 和 y_test，用于后续的模型训练和性能评估。这种训练集和测试集的划分方式可以有效地评估模型的泛化能力，并且通过标准化处理后的数据可以提高模型的训练效果和稳定性。具体代码如下。

```
In []:
    X_train, X_test, y_train, y_test = train_test_split(scaled_data, df
['dpnm'], test_size = 0.30, random_state=42)
```

5）构建逻辑回归模型

3.2-2 视频讲解

训练逻辑回归模型，并对模型在测试集上的性能进行评估。首先，使用 LogisticRegression()函数创建一个逻辑回归模型，并利用训练集数据 X_train 和目标变量 y_train 对模型进行训练。接着，使用训练好的模型在测试集数据 X_test 上进行预测，得到预测结果 predictions。然后，利用 classification_report()函数输出模型在测试集上的性能评估报告，其中包括精确度（Precision）、召回率（Recall）、F1-score 等指标，以及样本数量（Support）。这些指标用于评估模型在不同类别上的分类性能，以及模型的整体准确度。最后，使用 ConfusionMatrixDisplay.from_estimator()函数输出并绘制模型在测试集上的混淆矩阵，如图 3.16 所示，以直观地显示模型的预测效果。混淆矩阵可以帮助我们了解模型在不同类别上的分类情况，包括真正例、假正例、真负例和假负例等信息。通过这些评估指标和混淆矩阵的分析，可以全面地评估模型在测试集上的性能表现，从而为模型的优化和改进提供参考。具体代码如下。

```
In []:
    # 训练逻辑回归模型
    logmodel = LogisticRegression().fit(X_train, y_train)
```

```
In []:
    # 用训练的模型在测试集上进行预测
    predictions = logmodel.predict(X_test)
In []:
    # 输出模型评估报告
    print(classification_report(y_test, predictions))
Out[]:
                precision   recall  f1-score   support
           0         0.81     0.97      0.89      6819
           1         0.70     0.24      0.36      1980
    accuracy                            0.81      8799
   macro avg         0.76     0.60      0.62      8799
weighted avg         0.79     0.81      0.77      8799
In []:
    # 输出并绘制混淆矩阵
    titles_options = [
        ("Confusion matrix", None)
        ]
    for title, normalize in titles_options:
        disp = ConfusionMatrixDisplay.from_estimator(
            logmodel,
            X_test,
            y_test,
            cmap=plt.cm.Blues
        )
        disp.ax_.set_title(title)
        print(title)
        print(disp.confusion_matrix)
    plt.show()
Out[]:
    Confusion matrix
    [[6614  205]
     [1506  474]]
```

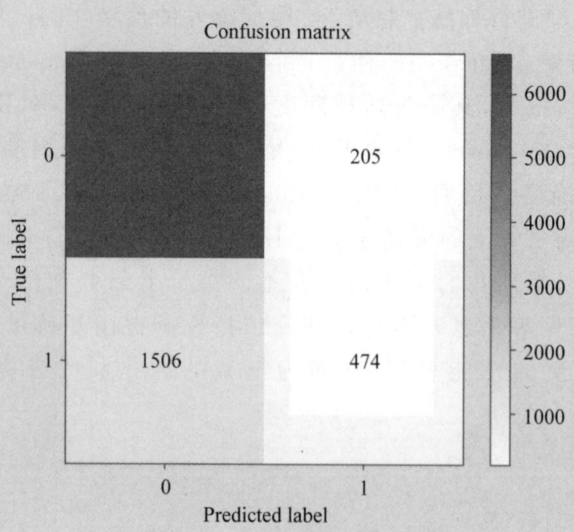

Confusion matrix

True label \ Predicted label	0	1
0		205
1	1506	474

图 3.16 逻辑回归混淆矩阵

6）构建随机森林模型

使用随机森林算法构建分类模型，并对模型在测试集上的性能进行评估。首先，通过 RandomForestClassifier 库导入随机森林分类器。然后，使用 RandomForestClassifier (n_estimators=300) 创建一个随机森林分类器对象，并利用训练集数据 X_train 和目标变量 y_train 对模型进行训练。接着，使用训练好的随机森林模型在测试集数据 X_test 上进行预测，得到预测结果 rfc_pred。然后，利用 classification_report() 函数输出随机森林模型在测试集上的性能评估报告，其中包括精确度(Precision)、召回率(Recall)、F1-score 等指标，以及样本数量(Support)。这些指标用于评估模型在不同类别上的分类性能，以及模型的整体准确度。最后，使用 ConfusionMatrixDisplay.from_estimator() 函数输出并绘制随机森林模型在测试集上的混淆矩阵，如图 3.17 所示，以直观地显示模型的预测效果。具体代码如下。

```
In []:
    # 导入 RandomForestClassifier 库
    from sklearn.ensemble import RandomForestClassifier
In []:
    # 创建并训练随机森林模型
    rfc = RandomForestClassifier(n_estimators = 300)
    rfc.fit(X_train, y_train)
In []:
    # 用训练的模型在测试集上进行预测
    rfc_pred = rfc.predict(X_test)
In []:
    # 输出模型评估报告
    print(classification_report(y_test, rfc_pred))
Out[]:
                  precision   recall   f1-score   support
               0       0.84     0.94       0.89      6819
               1       0.64     0.38       0.48      1980
        accuracy                           0.81      8799
       macro avg       0.74     0.66       0.68      8799
    weighted avg       0.79     0.81       0.79      8799
In []:
    # 输出并绘制混淆矩阵
    titles_options = [
        ("Confusion matrix", None)
        ]
    for title, normalize in titles_options:
        disp = ConfusionMatrixDisplay.from_estimator(
```

```
            rfc,
            X_test,
            y_test,
            cmap=plt.cm.Blues
        )
        disp.ax_.set_title(title)
        print(title)
        print(disp.confusion_matrix)
    plt.show()
Out[]:
    Confusion matrix
    [[6392  427]
     [1222  758]]
```

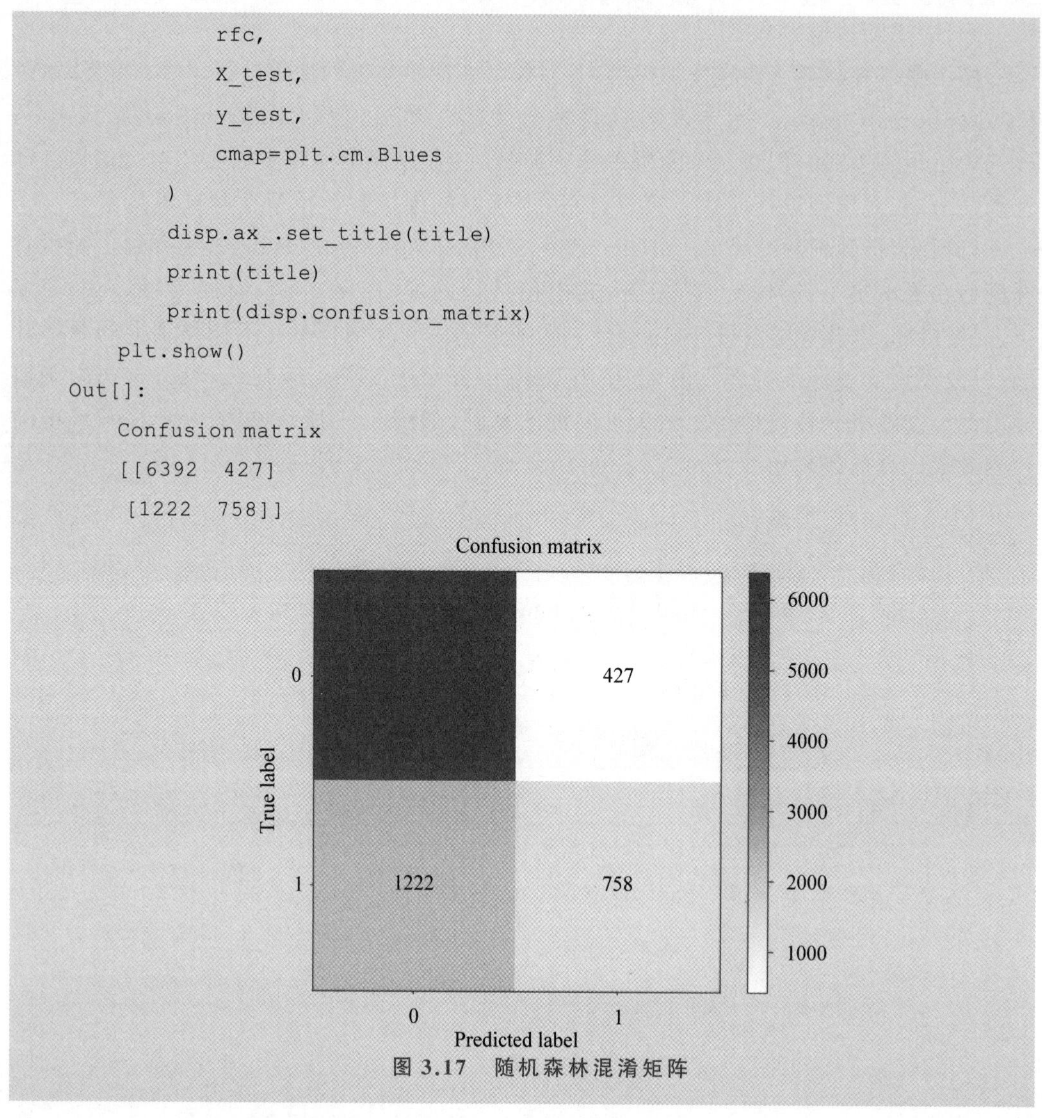

图 3.17　随机森林混淆矩阵

7）构建 XGBoost 模型

使用 XGBoost 算法构建分类模型，并在交叉验证的框架下对模型进行评估。首先，导入 KFold 和 GridSearchCV 模块，以及 xgboost 库。然后，将特征数据赋值给变量 X，将目标变量赋值给变量 y。接着，使用 KFold()函数将数据集分割为 2 折，并设置随机种子 random_state=42。然后，在每一折数据上循环训练 XGBoost 分类器模型，并利用测试数据进行预测，得到预测结果。随后，利用混淆矩阵和模型评估报告输出模型在每一折数据上的性能评估结果，包括精确度（Precision）、召回率（Recall）、F1-score 等指标。这些指标用于评估模型在不同类别上的分类性能，以及模型的整体准确度。最后，使用 xgb.plot_importance()函数输出特征重要性报告，如图 3.18 所示，以直观地显示模型对于每个特征的重要程度。这有助于我们了解模型对于不同特征的重要性，从而更好地理解模型的预测过程。具体代码如下。

```
In []:
    from sklearn.model_selection import KFold, GridSearchCV
    import xgboost as xgb
In []:
    X = scaled_data
    y = df['dpnm'].values
In []:
    # 创建训练 XGBoost 模型并进行交叉验证
    kf = KFold(n_splits=2, shuffle=True, random_state=42)
    print("在 2 折数据上的交叉验证...")
    for train_index, test_index in kf.split(X):
        xgb_model = xgb.XGBClassifier().fit(X[train_index], y[train_
index])
        predictions = xgb_model.predict(X[test_index])
        actuals = y[test_index]
        print("混淆矩阵:")
        print(confusion_matrix(actuals, predictions))
        print("模型评估报告:")
        print(classification_report(actuals, predictions))
Out[]:
    在 2 折数据上的交叉验证...
    混淆矩阵:
    [[10652   736]
     [ 2058  1218]]
    模型评估报告:
                precision   recall   f1-score   support
           0         0.84     0.94       0.88     11388
           1         0.62     0.37       0.47      3276
    accuracy                             0.81     14664
    macroavg         0.73     0.65       0.67     14664
weightedavg          0.79     0.81       0.79     14664
    混淆矩阵:
    [[10761   623]
     [ 2109  1170]]
    模型评估报告:
            precision   recall   f1-score   support
       0         0.84     0.95       0.89     11384
       1         0.65     0.36       0.46      3279
accuracy                             0.81     14663
macroavg         0.74     0.65       0.67     14663
```

```
    weighted avg       0.80       0.81       0.79     14663
In []:
    # 输出特征重要性报告
    import graphviz
    xgb.plot_importance(xgb_model)
Out[]:
```

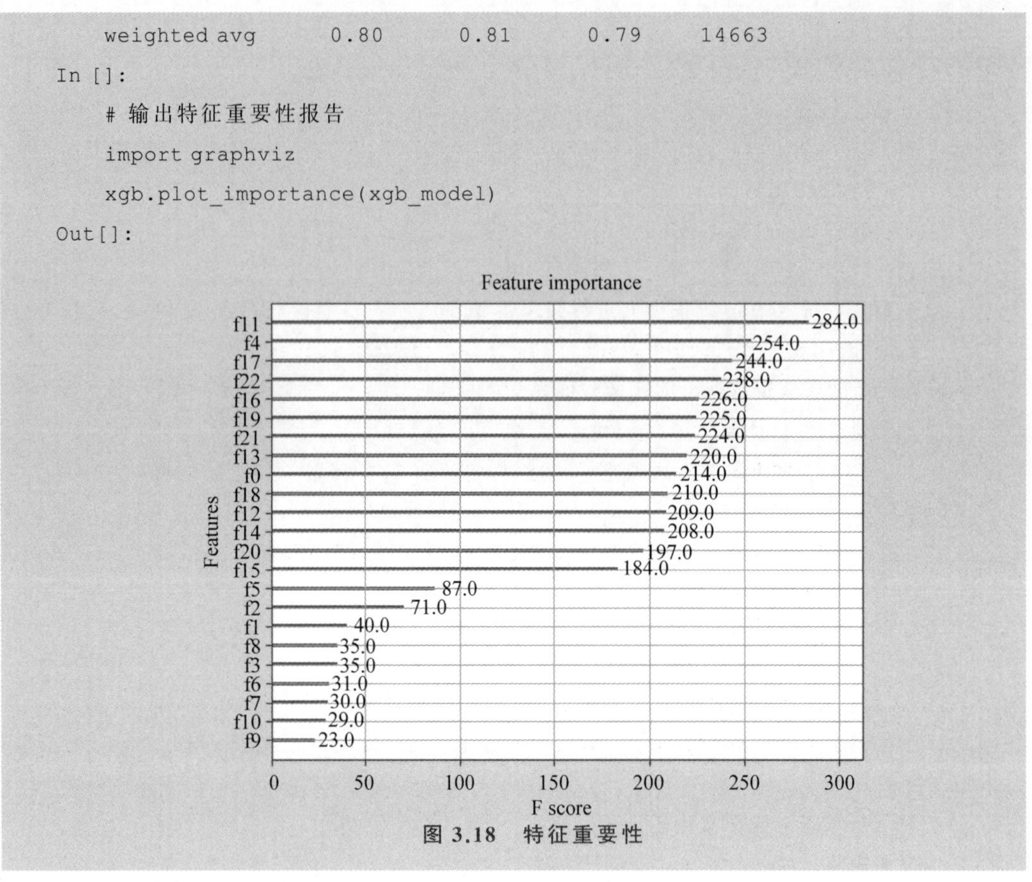

图 3.18 特征重要性

8）构建神经网络模型

构建、训练和评估一个基于神经网络的分类模型。首先，导入 TensorFlow 库和相关模块，包括 Sequential 模型、Dense 全连接层、Dropout 层以及 EarlyStopping 回调函数。然后，构建一个 Sequential 模型，该模型包含三个隐藏层和一个输出层，其中每个隐藏层都采用 ReLU 激活函数，而输出层采用 Sigmoid 激活函数。在每个隐藏层后面都添加 Dropout 层，以防止过拟合。接着，使用 binary_crossentropy() 作为损失函数，使用 Adam 作为优化器来编译模型。然后，创建一个提前停止的回调函数，以便在模型在验证集上的损失不再减少时停止训练，防止过度拟合。接下来，使用 fit() 函数训练模型，指定训练集、验证集、训练轮数(epochs)、回调函数等参数。训练完成后，利用训练好的模型在测试集上进行预测，得到预测结果。最后，利用 classification_report() 函数输出模型在测试集上的性能评估报告，包括精确度(Precision)、召回率(Recall)、F1-score 等指标，以及混淆矩阵。这些指标用于评估模型在不同类别上的分类性能，以及模型的整体准确度。具体代码如下。

```
In []:
    import tensorflow as tf
    from tensorflow.keras.models import Sequential
```

```
    from tensorflow.keras.layers import Dense,Dropout
    from tensorflow.keras.callbacks import EarlyStopping
In []:
    # 构建神经网络模型,包含两个隐藏层
    model = Sequential()
    # 输入层
    model.add(Dense(50,activation='relu'))
    model.add(Dropout(0.4))
    # 隐藏层
    model.add(Dense(25, activation='relu'))
    model.add(Dropout(0.4))
    # 隐藏层
    model.add(Dense(10, activation='relu'))
    model.add(Dropout(0.4))
    # 输出层
    model.add(Dense(units=1,activation='sigmoid'))
    # 编译模型
    model.compile(loss='binary_crossentropy', optimizer='adam')
In []:
    # 为防止模型过度拟合创建提前停止
    early_stop = EarlyStopping(monitor='val_loss', mode='min', verbose=1,
patience=25)
In []:
    # 模型训练
    model.fit(x=X_train,
              y=y_train,
              epochs=150,
              validation_data=(X_test, y_test), verbose=1,
              callbacks=[early_stop]
              )
Out[]:
    Epoch 1/150
    642/642 [==============================] - 2s 2ms/step - loss:
0.5531 - val_loss: 0.4806
    Epoch 2/150
    642/642 [==============================] - 1s 2ms/step - loss:
0.5001 - val_loss: 0.4667
    ......
    Epoch 114/150
```

```
    642/642 [==================================] - 1s 2ms/step - loss:
0.4384 - val_loss: 0.4401
    Epoch 115/150
    642/642 [==================================] - 1s 2ms/step - loss:
0.4355 - val_loss: 0.4385
    Epoch 115: early stopping
In []:
    # 用训练的模型在测试集上进行预测
    nn_predict = (model.predict(X_test) > 0.5).astype("int32")
In []:
    # 输出模型评估报告
    print(classification_report(y_test, nn_predict))
Out[]:
              precision  recall  f1-score  support
           0       0.84    0.94      0.89     6819
           1       0.66    0.38      0.48     1980
    accuracy                         0.82     8799
    macroavg       0.75    0.66      0.68     8799
weightedavg        0.80    0.82      0.80     8799
In []:
    # 输出混淆矩阵
    print(confusion_matrix(y_test, nn_predict))
Out[]:
    [[6438  381]
     [1237  743]]
```

3.2.4 小结

在本案例中,采用机器学习和深度学习技术,依据客户的个人资料、信用记录和过往的还款表现,来预测客户可能出现的违约行为。这种预测方法为金融机构提供一种高效的信贷风险评估工具。通过这一工具,金融机构能够更准确地进行信用评价和授信决策,有效降低因违约行为带来的损失,同时提升客户服务体验和满意度。

3.3 视频讲解

3.3 股票价格预测

3.3.1 案例背景

股票价格预测通过分析历史数据和当前信息来预估未来的股票走向,对投资者和市场分析师而言,这是一项具有极高价值的活动。它不仅能够协助投资者规划出更为理智的投资策略,提升收益同时降低投资风险,也能使市场分析师及时把握市场趋势，识别潜在的投资机会和风险。然而，股票价格受到众多因素如市场供需关系、政策更迭、企业业绩、行业竞争力及投资者情绪等复杂因素的影响，这些因素之间的关系通常是非线性、动态、不确定且难以量化的，使得股票价格预测成为一项极具挑战的任务。因此，传统基于统计学或技术分析的预测方法往往难以精确捕捉到股价变动的深层规律，难以适应市场的快速变化和波动。

随着深度学习技术的发展，特别是在图像处理、语音识别和自然语言处理等领域的突破，其在金融市场分析中的应用也开始受到重视。深度学习技术，尤其是基于神经网络的方法，因其优越的特征提取和数据表征能力，能够有效处理复杂、非线性的数据关系，适应多变的应用场景。本案例专注于探讨深度学习中的长短期记忆网络（LSTM）在股票价格预测上的应用及其潜力。LSTM 作为一种先进的循环神经网络（RNN）变体，克服了传统 RNN 在处理长期数据依赖时的不足，特别适用于时间序列数据的分析。通过精准捕捉时间序列中的长期依赖关系，LSTM 能够更有效地分析历史股价数据，为预测未来股价走势提供强有力的支持。

3.3.2　数据来源与运行环境

1. 数据来源

本案例以中国 A 股市场为研究对象，选取具有代表性的上市公司作为样本，使用 2015 年 1 月 1 日至 2022 年 12 月 31 日的股票交易数据集，并按照适当比例划分训练集、测试集，使用深度学习的 LSTM 对该数据集进行股票价格预测研究。

2. 运行环境

本案例的运行环境是 Anaconda，使用一些常用的数据分析库，例如：

- NumPy：用于进行高效的数值计算。
- Pandas：用于进行数据的读取、处理和分析。
- Matplotlib：用于进行数据的可视化。
- Scikit-learn：用于进行机器学习的数据预处理、模型训练和评估。
- TensorFlow 和 Keras：用于构建和训练深度学习的 LSTM 网络。
- Tushare：用于抓取中国股票的历史和实时报价数据。

3.3.3　分析过程与代码实现

1. 分析过程

（1）获取股票的历史数据，如开盘价、收盘价、最高价、最低价、成交量、成交金额等。

（2）对数据进行预处理，如缺失值处理、归一化、划分训练集、测试集等。

（3）构建 LSTM 网络模型，选择合适的网络结构、参数和超参数，如隐藏层个数、神经元个数、激活函数、损失函数、优化器、学习率等。

（4）用训练集和验证集对模型进行训练和调优，监控模型的损失和准确率，防止过拟合或欠拟合。

(5) 用测试集对模型进行评估和测试,比较模型的预测结果和真实结果。

2. 代码实现

1) 导入工具库及数据集

使用 Tushare 库获取股票(以 000001.SZ 为例)的交易数据,包括交易日期、开盘价、最高价、最低价、收盘价等信息。首先,导入所需的库,包括 NumPy、Pandas、Keras、Matplotlib 和 Tushare。然后,利用 Tushare 提供的 API,通过指定股票代码(000001.SZ)、起始日期(20150101)和结束日期(20221231)来获取对应股票在指定时间范围内的交易数据。随后,对获取到的交易数据按照交易日期进行排序,并将结果输出。具体代码如下。

```
In []:
    # 导入所需的库
    import numpy as np
    import pandas as pd
    from keras.models import Sequential
    from keras.layers import LSTM, Dense
    from sklearn.preprocessing import MinMaxScaler
    import matplotlib.pyplot as plt
    import tushare as ts
In []:
    # 运用 TOKEN 创建 tushare 对象
    pro = ts.pro_api('bcf5ca838c2011c8ae95338962d6dec623ed6d5ff92d174f11b982fd')
In []:
    # 获取证券交易数据
    tsData = pro.daily(ts_code='000001.SZ', start_date='20150101', end_
date='20221231')
    # 根据交易日期排序
    tsData = tsData.sort_values(by='trade_date')
    print(tsData)
Out[]:
        ts_code   trade_date   open   high    low   close  pre_close  change  \
1946  000001.SZ   20150105    15.99  16.28  15.60  16.02    15.84     0.18
1945  000001.SZ   20150106    15.85  16.39  15.55  15.78    16.02    -0.24
1944  000001.SZ   20150107    15.56  15.83  15.30  15.48    15.78    -0.30
1943  000001.SZ   20150108    15.50  15.57  14.90  14.96    15.48    -0.52
1942  000001.SZ   20150109    14.90  15.87  14.71  15.08    14.96     0.12
 ...       ...       ...       ...    ...    ...    ...       ...       ...
   4  000001.SZ   20221226    12.99  13.04  12.71  12.77    12.98    -0.21
```

```
3  000001.SZ  20221227  12.87  13.22  12.87  13.11  12.77   0.34
2  000001.SZ  20221228  13.16  13.38  13.00  13.14  13.11   0.03
1  000001.SZ  20221229  13.07  13.13  12.85  13.03  13.14  -0.11
0  000001.SZ  20221230  13.04  13.28  12.96  13.16  13.03   0.13

      pct_chg        vol        amount
1946   1.1400  2860436.43  4.565388e+06
1945  -1.5000  2166421.40  3.453446e+06
1944  -1.9000  1700120.67  2.634796e+06
1943  -3.3600  1407714.21  2.128003e+06
1942   0.8000  2508500.23  3.835378e+06
...       ...         ...           ...
4     -1.6179   797119.87  1.021904e+06
3      2.6625   886004.12  1.160090e+06
2      0.2288   791191.98  1.042402e+06
1     -0.8371   666890.09  8.651450e+05
0      0.9977   818035.98  1.074757e+06
[1947 rows x 11 columns]
```

2）数据预处理

对股票收盘价数据进行预处理，以便用于建立时间序列预测模型。首先，从获取的股票交易数据中提取收盘价信息，并将其保存为一维数组。然后，对收盘价数据进行标准化处理，将其缩放到 0～1 的范围内，以便提高模型的训练效果。接着，定义一个函数 processData()，用于创建回溯 backday 天时间切片数据，其中，backday 参数指定向前回溯的天数。该函数将收盘价数据切片成输入特征 X 和对应的目标值 y，其中，X 是一个二维数组，每一行表示一个长度为 backday 的时间窗口，y 则对应着每个时间窗口的下一个时间点的收盘价。接下来，将数据集划分为训练集和测试集，其中，80％的数据用于训练，20％的数据用于测试。最后，将二维的 X 数据转换为三维，以适应 LSTM 模型的输入格式，其中，第三个维度表示时间步长。具体代码如下。

```
In []:
    # 导出收盘价
    close = tsData['close'].values
    print(close.shape);print(close)
Out[]:
    (1947,)
    [16.02 15.78 15.48 ... 13.14 13.03 13.16]
In []:
```

```
    # 转为二维数组
    close = close.reshape(close.shape[0],1)
    print(close.shape);print(close)
Out[]:
    (1947, 1)
    [[16.02]
     [15.78]
     [15.48]
     ...
     [13.14]
     [13.03]
     [13.16]]
In []:
    # 将收盘价进行标准化处理
    scaler = MinMaxScaler()
    close = scaler.fit_transform(close)
    print(close.shape);print(close)
Out[]:
    (1947, 1)
    [[0.45316302]
     [0.43856448]
     [0.4203163 ]
     ...
     [0.27798054]
     [0.27128954]
     [0.27919708]]
In []:
    # 创建回溯 backday 天时间切片数据
    def processData(data,backday):
        X,Y = [],[]
        for i in range(len(data)-backday-1):
            X.append(data[i:(i+backday),0])
            Y.append(data[(i+backday),0])
        return np.array(X),np.array(Y)
    backday = 7 # 向前回溯 7 天数据切片
    X,y = processData(close,backday)
    print(X.shape);print(X)
    print(y.shape);print(y)
Out[]:
```

```
    (1939, 7)
    [[0.45316302 0.43856448 0.4203163  ... 0.3959854  0.37712895
     0.3716545 ]
     [0.43856448 0.4203163  0.38868613 ... 0.37712895 0.3716545
     0.37956204]
     [0.4203163  0.38868613 0.3959854  ... 0.3716545  0.37956204
     0.41240876]
     ...
     [0.29014599 0.27189781 0.25486618 ... 0.26642336 0.26824818
     0.25547445]
     [0.27189781 0.25486618 0.26277372 ... 0.26824818 0.25547445
     0.27615572]
     [0.25486618 0.26277372 0.26642336 ... 0.25547445 0.27615572
     0.27798054]]
     (1939,)
     [0.37956204 0.41240876 0.4136253  ... 0.27615572 0.27798054
     0.27128954]
In []:
    # 划分训练集与测试集数据
    X_train,X_test = X[:int(X.shape[0] * 0.8)],X[int(X.shape[0] * 0.8):]
    y_train,y_test = y[:int(y.shape[0] * 0.8)],y[int(y.shape[0] * 0.8):]
    print(X_train.shape);print(y_train.shape)
    print(X_test.shape);print(y_test.shape)
Out[]:
    (1551, 7)
    (1551,)
    (388, 7)
    (388,)
In []:
    # 将二维 X 数据转换为三维
    X_train = X_train.reshape((X_train.shape[0],X_train.shape[1],1))
    X_test = X_test.reshape((X_test.shape[0],X_test.shape[1],1))
    print(X_train.shape);print(X_test.shape)
Out[]:
    (1551, 7, 1)
    (388, 7, 1)
```

3）构建 LSTM 神经网络模型

建立和训练一个基于 LSTM（长短期记忆）的神经网络模型，用于股票收盘价的时间序列预测。首先，通过创建 Sequential 模型，添加一个具有 256 个神经元的

LSTM层,并指定输入数据的形状为(7, 1),其中,7表示时间窗口大小,1表示每个时间步的特征数(收盘价)。然后,添加一个全连接的输出层,用于输出预测值。接着,使用compile()方法配置模型的优化器为Adam,损失函数为均方误差(MSE)。随后,使用fit()方法训练模型,传入训练集的特征X_train和目标值y_train,并指定epochs为300,同时传入测试集的数据作为验证数据。在训练过程中,模型将逐步更新权重参数以最小化损失函数。最后,通过绘制训练过程中损失函数的变化曲线,如图3.19所示,可以直观地评估模型的训练效果,从而确定模型是否存在过拟合或欠拟合的情况。具体代码如下。

```
In []:
    # 创建 LSTM 网络模型
    model = Sequential()
    model.add(LSTM(256,input_shape=(7,1)))
    model.add(Dense(1))
    model.compile(optimizer='adam',loss='mse')
    # 训练 LSTM 模型
    history = model.fit(X_train, y_train, epochs=300, validation_data=(X_
test,y_test),shuffle=False)
Out[]:
    Epoch 1/300
    49/49 [==============================] - 3s 19ms/step - loss:
0.0129 - val_loss: 0.0027
    Epoch 2/300
    49/49 [==============================] - 0s 9ms/step - loss:
0.0017 - val_loss: 0.0063
    Epoch 3/300
    49/49 [==============================] - 0s 9ms/step - loss:
0.0023 - val_loss: 0.0112
    ……
    Epoch 298/300
    49/49 [==============================] - 1s 11ms/step - loss:
4.0572e-04 - val_loss: 6.1226e-04
    Epoch 299/300
    49/49 [==============================] - 1s 12ms/step - loss:
4.0576e-04 - val_loss: 6.1249e-04
    Epoch 300/300
    49/49 [==============================] - 1s 12ms/step - loss:
4.0572e-04 - val_loss: 6.1243e-04
In []:
    # 绘制损失函数曲线
```

```
    plt.plot(history.history['loss'])
    plt.plot(history.history['val_loss'])
Out[]:
```

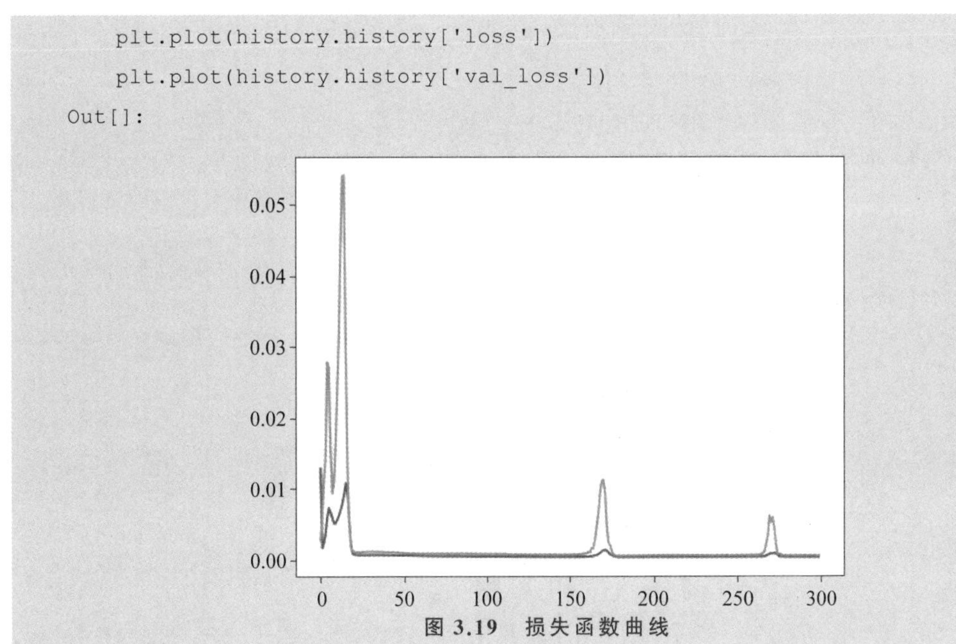

图3.19　损失函数曲线

图3.19 彩图

4）模型预测

对训练好的LSTM模型在整个数据集上进行股价的预测，并将预测结果与原始股价进行可视化比较。首先，通过将原始的特征数据 *X* 进行reshape，以符合模型的输入要求。然后，利用训练好的LSTM模型对整个数据集进行预测，得到预测值。接着，通过调用inverse_transform()方法将预测的归一化值转换为原始的股价值，以便与原始股价进行比较。最后，利用Matplotlib库绘制原始股价走势（蓝色）和预测股价走势（红色）的折线图，如图3.20所示。通过这样的可视化对比，可以直观地评估模型的预测效果，了解模型对股价趋势的拟合程度，以及预测结果的准确性。具体代码如下。

```
In []:
    # 在数据集上预测股价
    X_new = X.reshape((X.shape[0],X.shape[1],1))
    pred_y_new = model.predict(X_new)
Out[]:
    61/61 [==============================] - 1s 3ms/step
In []:
    # 将Y数据还原为原价格值
    y_new = scaler.inverse_transform(pred_y_new)
    y_old = scaler.inverse_transform(close)
In []:
    # 绘制原股价走势与预测股价走势图
```

```
    plt.plot(y_old, c='b')
    plt.plot(y_new, c='r')
    plt.plot(y_old[:len(y_train)], c='b')
    plt.show()
Out[]:
```

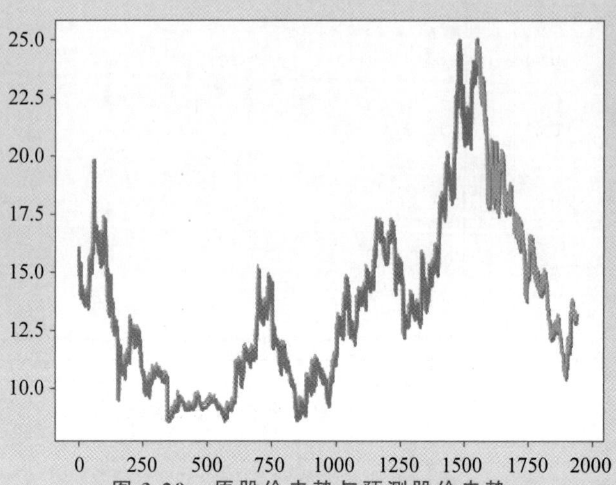

图 3.20 彩图

图 3.20 原股价走势与预测股价走势

5) 模型评估

计算预测股价与真实股价之间的 4 种常用回归模型评价指标,包括均方误差(Mean-Square Error,MSE)、均方根误差(Root-Mean-Square Error,RMSE)、平均绝对误差(Mean Absolute Error,MAE)和决定系数(R^2)。这些指标用于评估模型的预测性能和拟合优度。

(1) 均方误差:是预测值与真实值之间差异的平方和的均值,它度量预测值与真实值之间的平均偏差的平方。MSE 值越小,表示模型的预测性能越好。

(2) 均方根误差:是均方误差的平方根,它与 MSE 具有相同的量纲,但可以更直观地反映预测值与真实值之间的差异。RMSE 值越小,表示模型的预测精度越高。

(3) 平均绝对误差:是预测值与真实值之间差异的绝对值的均值,它度量预测值与真实值之间的平均偏差。MAE 值越小,表示模型的预测准确性越高。

(4) 决定系数:也称为拟合优度,是模型拟合数据的程度,取值范围为 0~1。R^2 越接近 1,表示模型拟合数据的程度越好,说明模型能够解释观测数据的方差的比例较高。

通过计算并输出这些指标,可以全面评估模型的预测性能和拟合优度,有助于确定模型的可靠性和适用性。具体代码如下。

```
In[]:
    # MSE:均方误差
    # RMSE:均方根误差
```

```
    # MAE:平均绝对误差
    # R2:决定系数
    from sklearn import metrics
    y_old = y_old[:y_new.shape[0]]
    MSE = metrics.mean_squared_error(y_new, y_old)
    RMSE = metrics.mean_squared_error(y_new, y_old)**0.5
    MAE = metrics.mean_absolute_error(y_new, y_old)
    R2 = metrics.r2_score(y_new, y_old)
    print('均方误差: %.5f' % MSE)
    print('均方根误差: %.5f' % RMSE)
    print('平均绝对误差: %.5f' % MAE)
    print('R2: %.5f' % R2)
Out[]:
    均方误差: 0.60225
    均方根误差: 0.77605
    平均绝对误差: 0.55686
    R2: 0.95606
```

3.3.4 小结

在本案例中，采用深度学习的一种方法，即长短期记忆网络(LSTM)，来分析和预测股票价格的未来走势，基于历史股价数据进行模型训练。此外，案例还介绍了如何在 Keras 框架下实现 LSTM 模型的编程。实验结果表明，LSTM 模型能够有效地识别和学习股票价格变动的模式，R^2 评分高达 0.95，这表明模型在学习时间序列数据中的长期依赖特征方面表现出色，具备良好的预测准确性。因此，本案例为股票市场的投资者提供了一个实用的分析工具，助力他们更准确地把握市场动态，预测股价趋势。

3.4 信用卡欺诈检测

3.4 视频讲解

3.4.1 案例背景

信用卡作为一种普遍使用的支付手段，虽然便利，却也潜藏着被滥用的风险。信用卡欺诈行为，包括使用伪造或过期的信用卡、冒用他人信用卡信息以及恶意透支等，不仅对持卡人造成财务损失，也给银行和商家带来严重的风险和损害。因此，开发出一套能够及时、有效检测和预防信用卡欺诈的系统，是确保金融安全和维护信用体系完整的关键任务。

面对信用卡欺诈检测的挑战，如数据的不平衡性、高维度特征和欺诈手段的多样化，传统基于规则和统计的检测方法显得力不从心。这些方法依赖于人工设置的阈值和条件,缺乏灵活性和自适应能力,难以有效识别新出现或隐蔽的欺诈行为。因此,迫切需要一种更为智能和高效的解决方案,能够利用海量的历史交易数据自动学习和识别欺诈模式,并能实时对新交易进行准确评估和预警。

深度学习作为一种基于神经网络的先进机器学习技术,以其卓越的特征提取和数据表征能力,处理复杂、非线性数据关系的能力,以及适应多变任务和场景的灵活性,在图像处理、语音识别和自然语言处理等领域已取得显著成果,同时也引起金融行业的广泛关注。本案例探讨使用深度学习中的自编码器模型来检测信用卡欺诈行为的潜力和效果。

自编码器是一种无监督学习模型,通过编码器部分将输入数据压缩为低维的隐含表示,然后通过解码器部分重构数据,旨在捕捉数据中最重要的特征,并去除噪声。在信用卡欺诈检测应用中,自编码器被用于对正常交易数据进行建模和重构,而异常或欺诈交易通常会在重构过程中产生较大的误差。通过分析这一重构误差,可以有效识别出可能的欺诈交易,为金融机构提供强有力的风险管理工具。

3.4.2 数据来源与运行环境

1. 数据来源

本案例使用Kaggle上的一个公开数据集,该数据集包含2013年9月的两天内发生的欧洲持卡人的信用卡交易,共有284 807笔交易。数据集中的特征已经经过主成分分析(PCA)的变换,除时间(Time)和金额(Amount)之外,其余28个特征都是匿名的数值型变量(V1～V28)。目标变量(Class)为1表示欺诈交易,为0表示正常交易。本案例将使用深度学习的自编码器对该数据集进行信用卡欺诈检测。

2. 运行环境

本案例的运行环境是Anaconda,使用一些常用的数据分析库,例如:

- NumPy:用于进行高效的数值计算。
- Pandas:用于进行数据的读取、处理和分析。
- Matplotlib:用于进行数据的可视化。
- Scikit-learn:用于进行机器学习的数据预处理、模型训练和评估。
- TensorFlow和Keras:用于构建和训练深度学习的自编码器。

3.4.3 分析过程与代码实现

1. 分析过程

(1) 数据探索:对数据集进行基本的统计描述和可视化,分析数据的分布、相关性和异常值,了解数据的特点和问题。

(2) 数据预处理:对数据进行必要的缩放、标准化和划分,使数据符合模型的输入要求,并划分为训练集和测试集。

(3) 模型构建:使用TensorFlow和Keras搭建自编码器的神经网络结构,定义编码器和解码器的层数、节点数、激活函数等参数,以及损失函数和优化器等。

(4) 模型训练：使用训练集中的正常交易数据来训练自编码器，使模型能够学习到正常交易数据的特征，并尽可能地重构输入数据。

(5) 模型评估：使用测试集中的所有交易数据来评估自编码器性能。

2. 代码实现

1) 导入工具库及数据集

导入 NumPy、Pandas、matplotlib. pyplot、Seaborn、sklearn. preprocessing、sklearn. metrics 和 TensorFlow 等库，用于数据处理、可视化和建模。使用 Pandas 的 read_csv() 函数加载名为 creditcard.csv 的信用卡数据集，并将其存储在 DataFrame 对象 df_data 中。数据集中包含信用卡交易的相关信息，包括交易时间、交易金额、交易地点等。具体代码如下。

```
In []:
    # 导入所需要的库
    import numpy as np
    import pandas as pd
    import matplotlib.pyplot as plt
    import seaborn as sns
    from sklearn.preprocessing import StandardScaler
    from sklearn.metrics import roc_curve, auc, precision_recall_curve
    import tensorflow as tf
In []:
    # 加载信用卡数据集
    df_data = pd.read_csv('creditcard.csv')
    df_data.head()
Out[]:
Time    V1    V2    V3    V4    V5    V6    V7    V8
        V9    ...    V21    V22    V23    V24    V25    V26
        V27    V28    Amount    Class
0       0.0    -1.359807    -0.072781    2.536347    1.378155
        -0.338321    0.462388    0.239599    0.098698    0.363787    ...
        -0.018307    0.277838    -0.110474    0.066928    0.128539
        -0.189115    0.133558    -0.021053    149.62    0
1       0.0    1.191857    0.266151    0.166480    0.448154    0.060018
        -0.082361    -0.078803    0.085102    -0.255425    ...
        -0.225775    -0.638672    0.101288    -0.339846    0.167170
        0.125895    -0.008983    0.014724    2.69    0
2       1.0    -1.358354    -1.340163    1.773209    0.379780
        -0.503198    1.800499    0.791461    0.247676    -1.514654
        ...    0.247998    0.771679    0.909412    -0.689281
        -0.327642    -0.139097    -0.055353    -0.059752    378.66    0
```

```
3    1.0    -0.966272    -0.185226    1.792993    -0.863291
     -0.010309    1.247203    0.237609    0.377436    -1.387024    ...
     -0.108300    0.005274    -0.190321    -1.175575    0.647376
     -0.221929    0.062723    0.061458    123.50    0
4    2.0    -1.158233    0.877737    1.548718    0.403034    -0.407193
     0.095921    0.592941    -0.270533    0.817739    ...
     -0.009431    0.798278    -0.137458    0.141267    -0.206010
     0.502292    0.219422    0.215153    69.99    0
5 rows × 31 columns
```

2）数据预处理与探索

对信用卡交易数据集进行预处理和准备，以便完成后续的建模任务。首先，使用describe()方法输出数据集各列的常用统计值，如平均值、标准差、最小值、最大值等，以便对数据集的整体情况有一个直观的了解。其次，统计样本中欺诈(fraud)和非欺诈(non-fraud)交易的数量，并利用 Matplotlib 库绘制柱状图展示两者的数量对比，如图 3.21 所示，以便了解数据集中欺诈交易与非欺诈交易的比例。接着，删除数据集中的时间列('Time')，并对交易金额('Amount')进行标准化处理，使用 StandardScaler()函数对金额特征进行标准化，以消除不同特征之间的量纲差异，使得模型训练更加稳定和有效。最后，将数据集划分为特征集 X 和标签值 y，其中，特征集 X 包含除目标变量(Class)外的所有特征列，标签值 y 包含目标变量(Class)列。使用 train_test_split()函数将数据集划分为训练集(X_train, y_train)和测试集(X_test, y_test)，其中，80%的数据用于训练，20%的数据用于测试。具体代码如下。

```
In []:
    # 输出数据集各列的常用统计值
    df_data.describe()
Out[]:
Time    V1    V2    V3    V4    V5    V6    V7    V8    V9    ...    V21
        V22    V23    V24    V25    V26    V27    V28    Amount    Class
count   284807.000000    2.848070e+05    2.848070e+05    2.848070e+05
        2.848070e+05    2.848070e+05    2.848070e+05    2.848070e+05
        2.848070e+05    2.848070e+05    ...    2.848070e+05
        2.848070e+05    2.848070e+05    2.848070e+05    2.848070e+05
        2.848070e+05    2.848070e+05    2.848070e+05    284807.000000
        284807.000000
mean    94813.859575    1.168375e-15    3.416908e-16    -1.379537e-15
        2.074095e-15    9.604066e-16    1.487313e-15    -5.556467e-16
        1.213481e-16    -2.406331e-15    ...    1.654067e-16
        -3.568593e-16    2.578648e-16    4.473266e-15    5.340915e-16
        1.683437e-15    -3.660091e-16    -1.227390e-16    88.349619
        0.001727
```

```
std    47488.145955    1.958696e+00    1.651309e+00    1.516255e+00
       1.415869e+00    1.380247e+00    1.332271e+00    1.237094e+00
       1.194353e+00    1.098632e+00    ...    7.345240e-01    7.257016e-01
       6.244603e-01    6.056471e-01    5.212781e-01    4.822270e-01
       4.036325e-01    3.300833e-01    250.120109    0.041527
min    0.000000    -5.640751e+01    -7.271573e+01    -4.832559e+01
       -5.683171e+00    -1.137433e+02    -2.616051e+01    -4.355724e+01
       -7.321672e+01    -1.343407e+01    ...    -3.483038e+01    -1.093314e+01
       -4.480774e+01    -2.836627e+00    -1.029540e+01    -2.604551e+00
       -2.256568e+01    -1.543008e+01    0.000000    0.000000
25%    54201.500000    -9.203734e-01    -5.985499e-01    -8.903648e-01
       -8.486401e-01    -6.915971e-01    -7.682956e-01    -5.540759e-01
       -2.086297e-01    -6.430976e-01    ...    -2.283949e-01    -5.423504e-01
       -1.618463e-01    -3.545861e-01    -3.171451e-01    -3.269839e-01
       -7.083953e-02    -5.295979e-02    5.600000    0.000000
50%    84692.000000    1.810880e-02    6.548556e-02    1.798463e-01
       -1.984653e-02    -5.433583e-02    -2.741871e-01    4.010308e-02
       2.235804e-02    -5.142873e-02    ...    -2.945017e-02    6.781943e-03
       -1.119293e-02    4.097606e-02    1.659350e-02    -5.213911e-02
       1.342146e-03    1.124383e-02    22.000000    0.000000
75%    139320.500000    1.315642e+00    8.037239e-01    1.027196e+00
       7.433413e-01    6.119264e-01    3.985649e-01    5.704361e-01
       3.273459e-01    5.971390e-01    ...    1.863772e-01    5.285536e-01
       1.476421e-01    4.395266e-01    3.507156e-01    2.409522e-01
       9.104512e-02    7.827995e-02    77.165000    0.000000
max    172792.000000    2.454930e+00    2.205773e+01    9.382558e+00
       1.687534e+01    3.480167e+01    7.330163e+01    1.205895e+02
       2.000721e+01    1.559499e+01    ...    2.720284e+01    1.050309e+01
       2.252841e+01    4.584549e+00    7.519589e+00    3.517346e+00
       3.161220e+01    3.384781e+01    25691.160000    1.000000
8 rows × 31 columns
In []:
    # 查看样本比例
    num_nonfraud = np.sum(df_data['Class'] == 0)
    num_fraud = np.sum(df_data['Class'] == 1)
```

```
    plt.bar(['Fraud', 'non-fraud'], [num_fraud, num_nonfraud], color='b')
    plt.show()
Out[]:
    print('num_fraud:%d;num_nonfraud:%d' %(num_fraud,num_nonfraud))
```

图 3.21 样本比例

```
    num_fraud:492;num_nonfraud:284315
In []:
    # 删除时间列,对 Amount 进行标准化
    df_data = df_data.drop(['Time'], axis=1)
    df_data['Amount'] = StandardScaler().fit_transform(df_data[['Amount']])
    # 将数据集划分为特征集 X 和标签值 y
    X = df_data.drop('Class',axis=1).values
    y = df_data['Class'].values
In []:
    # 查看 X 的 shape 与数据
    print(X.shape)
    print(X)
Out[]:
    (284807, 29)
    [[-1.35980713e+00 -7.27811733e-02  2.53634674e+00 ...  1.33558377e-01
      -2.10530535e-02  2.44964263e-01]
     [ 1.19185711e+00  2.66150712e-01  1.66480113e-01 ... -8.98309914e-03
       1.47241692e-02 -3.42474541e-01]
     [-1.35835406e+00 -1.34016307e+00  1.77320934e+00 ... -5.53527940e-02
      -5.97518406e-02  1.16068593e+00]
```

```
    ...
    [ 1.91956501e+00 -3.01253846e-01 -3.24963981e+00 ...  4.45477214e-03
     -2.65608286e-02 -8.18393021e-02]
    [-2.40440050e-01  5.30482513e-01  7.02510230e-01 ...  1.08820735e-01
      1.04532821e-01 -3.13248531e-01]
    [-5.33412522e-01 -1.89733337e-01  7.03337367e-01 ... -2.41530880e-03
      1.36489143e-02  5.14355311e-01]]
In []:
    # 查看 y 的 shape 与数据
    print(y.shape)
    print(y)
Out[]:
    (284807,)
    [0 0 0 ... 0 0 0]
In []:
    # 将数据集划分为训练集与测试集
    from sklearn.model_selection import train_test_split
    X_train,X_test,y_train,y_test = train_test_split(X,y,test_size=0.2)
```

3）构建自编码器模型

自编码器是一种无监督学习的神经网络模型，用于学习数据的压缩表示。它由编码器和解码器两部分组成。编码器将输入数据映射到低维表示，解码器将这个低维表示映射回原始数据的维度。

首先，定义输入数据的维度、编码器的维度、训练轮次和批次大小等参数。使用 Keras 函数式 API，构建编码器的网络结构。编码器包括多个 Dense 层，其中每一层的输出维度逐渐减小，实现数据的压缩。在每个 Dense 层后面使用批量归一化(BatchNormalization)和 LeakyReLU 激活函数，以提高模型的稳定性和收敛速度。其次，基于编码器的输出，构建解码器的网络结构。解码器的结构与编码器相反，通过多个 Dense 层将压缩表示逐渐还原回原始数据的维度。同样地，解码器也使用批量归一化和 LeakyReLU 激活函数。然后，使用编码器和解码器构建自编码器模型，指定输入层和输出层，形成完整的自编码器结构。使用 summary()方法输出自编码器模型的摘要，包括每一层的参数数量和输出形状等信息。具体代码如下。

```
In []:
    # 导入 Keras 库
    from keras.models import Model
    from keras.layers import Input, Dense, LeakyReLU, BatchNormalization
```

```
    from keras import regularizers
In []:
    # 参数设置
    input_dim = X.shape[1]      # 数据的初始维度
    encoding_dim = 128          # 中间层的维度
    epochs = 30                 # 训练轮次
    batch_size = 256            # 批次大小
In []:
    # 构建编码器
    input_layer = Input(shape=(input_dim,))
    encoder_layer = Dense(encoding_dim, activation='tanh', activity_
regularizer=regularizers.l1(10e-5))(input_layer)
    encoder_layer = BatchNormalization()(encoder_layer)
    encoder_layer = LeakyReLU(alpha=0.2)(encoder_layer)
    encoder_layer = Dense(int(encoding_dim/2),activation="relu")(encoder_
layer)
    encoder_layer = BatchNormalization()(encoder_layer)
    encoder_layer = LeakyReLU(alpha=0.1)(encoder_layer)
    encoder_layer = Dense(int(encoding_dim/4),activation="relu")(encoder_
layer)
    encoder_layer = BatchNormalization()(encoder_layer)
    # 解码器
    decoder_layer = LeakyReLU(alpha=0.1)(encoder_layer)
    decoder_layer = Dense(int(encoding_dim/4),activation='tanh')(decoder_
layer)
    decoder_layer = BatchNormalization()(decoder_layer)
    decoder_layer = LeakyReLU(alpha=0.1)(decoder_layer)
    decoder_layer = Dense(int(encoding_dim/2), activation='tanh')(decoder_
layer)
    decoder_layer = BatchNormalization()(decoder_layer)
    decoder_layer = LeakyReLU(alpha=0.1)(decoder_layer)
    decoder_layer = Dense(input_dim,)(decoder_layer)
    # 自编码器建模
    autoencoder = Model(inputs = input_layer,
                        outputs = decoder_layer)
    autoencoder.summary()
Out[]:
    Model: "model"
```

```
____________________________________________________________________________
Layer (type)                    Output Shape               Param #
============================================================================
input_1 (InputLayer)             [(None, 29)]               0

dense (Dense)                   (None, 128)               3840


batch_normalization (BatchN  (None, 128)                   512
ormalization)


leaky_re_lu (LeakyReLU)        (None, 128)                0
dense_1 (Dense)                 (None, 64)                8256


batch_normalization_1 (Batc  (None, 64)                   256
hNormalization)


leaky_re_lu_1 (LeakyReLU)     (None, 64)                  0


dense_2 (Dense)                 (None, 32)                2080


batch_normalization_2 (Batc  (None, 32)                   128
hNormalization)


leaky_re_lu_2 (LeakyReLU)     (None, 32)                  0


dense_3 (Dense)                 (None, 32)                1056


batch_normalization_3 (Batc  (None, 32)                   128
hNormalization)


leaky_re_lu_3 (LeakyReLU)     (None, 32)                  0


dense_4 (Dense)                 (None, 64)                2112


batch_normalization_4 (Batc  (None, 64)                   256
hNormalization)


leaky_re_lu_4 (LeakyReLU)     (None, 64)                  0


dense_5 (Dense)                 (None, 29)                1885
```

```
==================================================================
Total params: 20,509
Trainable params: 19,869
Non-trainable params: 640
__________________________________________________________________
```

4）模型训练

首先，通过自编码器模型的训练，使用均方误差作为损失函数，并利用 Adam 优化器进行模型的优化。在训练过程中，记录损失函数、平均绝对误差(MAE)和均方误差(MSE)的变化情况，通过绘制损失函数曲线展示模型在训练过程中的性能表现，如图 3.22 所示。其次，利用训练好的自编码器模型对数据集进行重建，得到重建后的数据。然后，计算重建数据与原始数据之间的还原误差，包括 MSE 和 MAE，并将这些误差值添加到原始数据集中。具体代码如下。

```
In []:
    # 以均方误差为自编码器的损失函数
    autoencoder.compile(optimizer='adam', loss='mean_squared_error',
metrics=['mae','mse'])
    # 训练自编码器
    his = autoencoder.fit(X_train,
                    X_train,
                    shuffle=True,
                    epochs=epochs,
                    batch_size=batch_size,
                    validation_data=(X_test,X_test)).history
Out[]:
    Epoch 1/30
    891/891 [==============================] - 5s 4ms/step - loss:
0.4138 - mae: 0.3810 - mse: 0.4092 - val_loss: 0.2459 - val_mae: 0.3132 -
val_mse: 0.2413
    Epoch 2/30
    891/891 [==============================] - 3s 3ms/step - loss:
0.1885 - mae: 0.2606 - mse: 0.1839 - val_loss: 0.1370 - val_mae: 0.2286 -
val_mse: 0.1324
    Epoch 3/30
    891/891 [==============================] - 3s 3ms/step - loss:
0.1361 - mae: 0.2203 - mse: 0.1315 - val_loss: 0.1351 - val_mae: 0.2382 -
val_mse: 0.1305
    ......
```

```
    Epoch 28/30
    891/891 [==============================] - 3s 4ms/step - loss:
0.0413 - mae: 0.1006 - mse: 0.0369 - val_loss: 0.0448 - val_mae: 0.1050 -
val_mse: 0.0404
    Epoch 29/30
    891/891 [==============================] - 3s 3ms/step - loss:
0.0412 - mae: 0.0996 - mse: 0.0369 - val_loss: 0.0414 - val_mae: 0.1168 -
val_mse: 0.0370
    Epoch 30/30
    891/891 [==============================] - 3s 3ms/step - loss:
0.0373 - mae: 0.0984 - mse: 0.0329 - val_loss: 0.0502 - val_mae: 0.1347 -
val_mse: 0.0458
In []:
    # 绘制损失函数曲线
    plt.figure(figsize=(14, 5))
    plt.subplot(121)
    plt.plot(his['loss'], c='r', lw=3, label='loss')
    plt.plot(his['mae'], c='b', lw=3, label='mae')
    plt.plot(his['mse'], c='g', lw=3, label='mse')
    plt.title('model train')
    plt.ylabel('loss mae mse')
    plt.xlabel('epoch')
    plt.legend()
    plt.show()
Out[]:
```

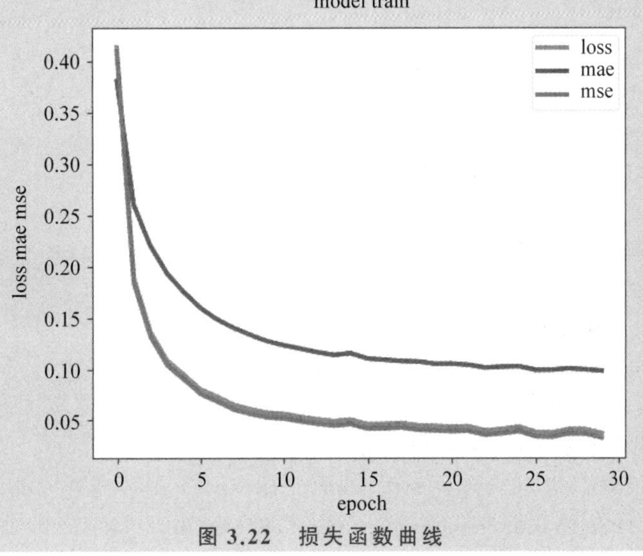

图 3.22　损失函数曲线

图 3.22
彩图

```
In []:
    # 用训练好的 autoencoder 重建数据集
    pred_X  = autoencoder.predict(X)
    # 计算还原误差 MSE 和 MAE
    mse_X = np.mean(np.power(X - pred_X, 2), axis=1)
    mae_X = np.mean(np.abs(X - pred_X), axis=1)
    df_data['mse_X'] = mse_X
    df_data['mae_X'] = mae_X
Out[]:
    8901/8901 [==============================] - 9s 1ms/step
```

5）模型预测与评估

对自编码器模型进行训练和评估，以及对异常样本识别和可视化展示。首先，利用自编码器模型对数据集进行训练，并计算训练过程中的损失函数、平均绝对误差(MAE)和均方误差(MSE)。接着，对数据集中的样本进行 TopN 准确率评估，计算 TopN 中诈骗样本的比例。然后，提取所有的欺诈样本，并利用训练好的自编码器模型对测试集和欺诈样本进行重建，计算还原误差(MSE 和 MAE)。随后，通过绘制散点图展示测试集中正样本和负样本的还原误差 MAE 和 MSE，如图 3.23 所示，以及比较原始数据和重构数据的重叠条形图，如图 3.24 所示，从而直观地展示重建效果。最后，利用 t-SNE 算法进行降维操作，并将降维后的数据集可视化展示，如图 3.25 所示，其中，诈骗样本用红色标出，非诈骗样本用蓝色标出，以便观察数据的分布情况和异常样本的聚集情况。具体代码如下。

```
In []:
    # TopN 准确率评估
    n = 1000
    df = df_data.sort_values(by='mae_X',ascending=False)
    df = df.head(n)
    rate = df[df['Class']==1].shape[0]/n
    print('Top{}的准确率为:{}'.format(n,rate))
Out[]:
    Top1000 的准确率为:0.226
In []:
    # 提取所有欺诈样本
    mask = (df_data['Class'] == 1)
    X_fraud = X[mask]
    # 利用训练好的 autoencoder 重建测试集
    pred_test  = autoencoder.predict(X_test)
    pred_fraud = autoencoder.predict(X_fraud)
```

```
    # 计算还原误差 MSE 和 MAE
    mse_test = np.mean(np.power(X_test - pred_test, 2), axis=1)
    mse_fraud = np.mean(np.power(X_fraud - pred_fraud, 2), axis=1)
    mae_test = np.mean(np.abs(X_test - pred_test), axis=1)
    mae_fraud = np.mean(np.abs(X_fraud - pred_fraud), axis=1)
    mse_df = pd.DataFrame()
    mse_df['Class'] = [0] * len(mse_test) + [1] * len(mse_fraud)
    mse_df['MSE'] = np.hstack([mse_test, mse_fraud])
    mse_df['MAE'] = np.hstack([mae_test, mae_fraud])
    mse_df = mse_df.sample(frac=1).reset_index(drop=True)
Out[]:
    1781/1781 [==============================] - 2s 1ms/step
    16/16 [==============================] - 0s 1ms/step
In []:
    # 分别画出测试集中正样本和负样本的还原误差 MAE 和 MSE
    markers = ['o', '^']
    markers = ['o', '^']
    colors = ['dodgerblue', 'coral']
    labels = ['Non-fraud', 'Fraud']
    plt.figure(figsize=(14, 5))
    plt.subplot(121)
    for flag in [1, 0]:
        temp = mse_df[mse_df['Class'] == flag]
        plt.scatter(temp.index,
                    temp['MAE'],
                    alpha=0.7,
                    marker=markers[flag],
                    c=colors[flag],
                    label=labels[flag])
    plt.title('Reconstruction MAE')
    plt.ylabel('Reconstruction MAE')
    plt.xlabel('Index')
    plt.subplot(122)
    for flag in [1, 0]:
        temp = mse_df[mse_df['Class'] == flag]
        plt.scatter(temp.index,
                    temp['MSE'],
                    alpha=0.7,
                    marker=markers[flag],
                    c=colors[flag],
```

```
                label=labels[flag])
    plt.legend(loc=[1, 0], fontsize=12)
    plt.title('Reconstruction MSE')
    plt.ylabel('Reconstruction MSE')
    plt.xlabel('Index')
    plt.show()
Out[]:
```

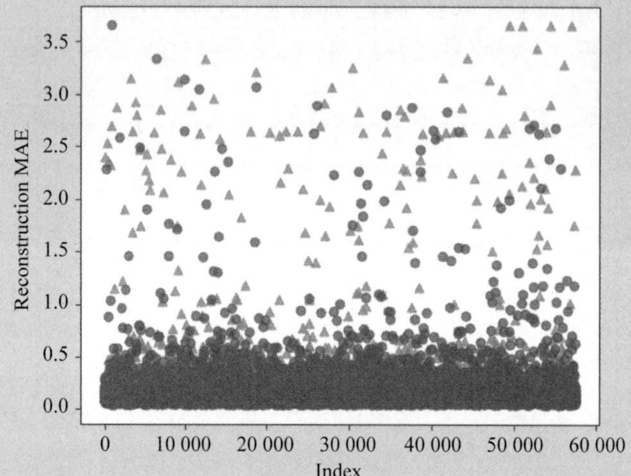

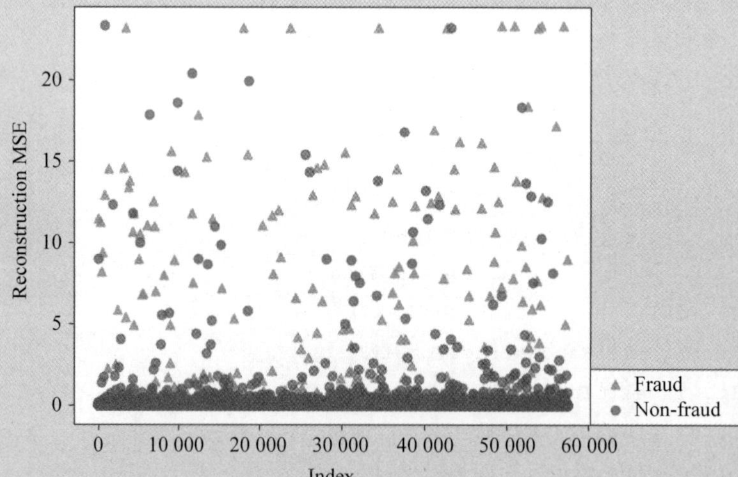

图 3.23 MAE 与 MSE

```
In []:
    # 绘制比较原始数据和重构数据的重叠条形图
    import matplotlib.pyplot as plt
    import numpy as np
```

```
    width = 0.8
    prediction = pred_test[10]
    true_value = X_test[10]
    indices = np.arange(len(prediction))
    fig = plt.figure(figsize=(10,7))
    plt.bar(indices, prediction, width=width, color='r', label='Predicted
Reconstruct Value')
    plt.bar([i+0.25*width for i in indices], true_value,
            width=0.5*width, color='b', alpha=0.5, label='True Value')
    plt.xticks(indices+width/2., ['V{}'.format(i) for i in range(len
(prediction))])
    plt.legend()
    plt.show()
Out[]:
```

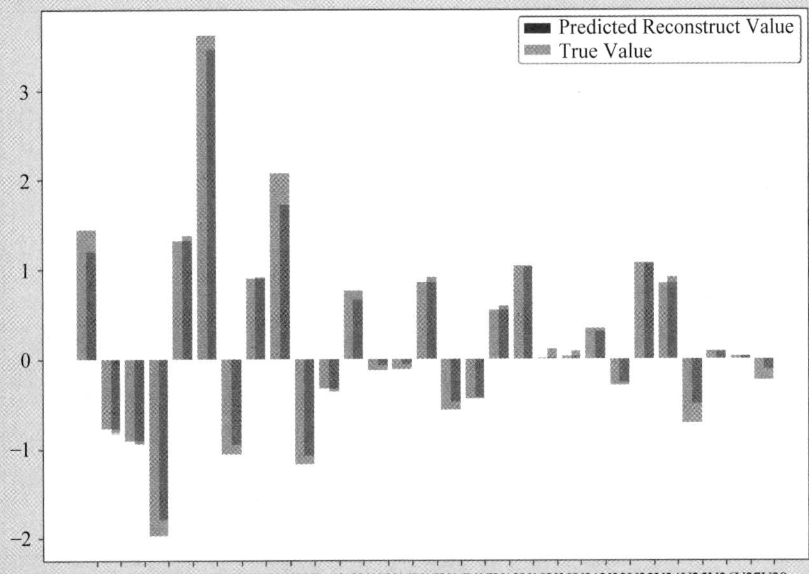

图 3.24　重叠条形图

```
In []:
    # 用 t-SNE 算法进行降维
    from sklearn.manifold import TSNE
    tsne = TSNE(verbose=1,n_iter=300)
    res = tsne.fit_transform(pred_test)
Out[]:
    [t-SNE] Computing 91 nearest neighbors...
    [t-SNE] Indexed 56962 samples in 0.001s...
```

```
    [t-SNE] Computed neighbors for 56962 samples in 5.699s...
    ......
    [t-SNE] Computed conditional probabilities for sample 56962 / 56962
    [t-SNE] Mean sigma: 0.604894
    [t-SNE] KL divergence after 250 iterations with early exaggeration:
90.497589
    [t-SNE] KL divergence after 300 iterations: 3.941802
In []:
    fig = plt.figure(figsize=(10,7))
    # 诈骗数据用红色标出,非诈骗数据用蓝色标出
    scatter = plt.scatter(res[:,0], res[:,1], c=y_test, cmap='coolwarm',
s=0.6)
    scatter.axes.get_xaxis().set_visible(False)
    scatter.axes.get_yaxis().set_visible(False)
Out[]:
```

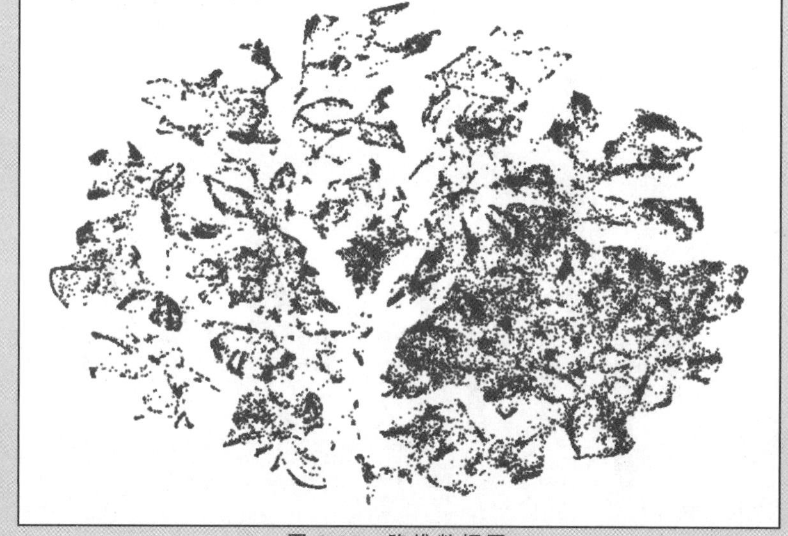

图 3.25 降维数据图

图 3.25 彩图

3.4.4 小结

自编码器是一种无监督学习的深度学习模型,专门设计用来识别数据中的关键和区别明显的特征,同时排除任何冗余或噪声。在信用卡欺诈检测领域,自编码器被应用于对标准交易数据进行建模和重构。对于那些异常或可能涉及欺诈的交易,它们通常会在重构过程中显示出较大的误差。这使得通过分析重构误差成为一种有效的手段来区分正常和欺诈性交易。在本案例中,利用训练数据集来培训自编码器模型,并通过测试集来验证模型的效能和准确性。

习　题

(1) 描述情感分析在证券文本信息处理中的应用流程,并解释如何使用情感分析来预测股票市场的走势。

(2) 讨论使用数据分析技术构建信贷风险预测模型的基本步骤,并解释该模型在金融机构中的应用价值。

(3) 描述利用时间序列分析和机器学习技术进行股票价格预测的基本方法,并讨论其在投资决策中的作用。

(4) 解释如何使用数据分析技术构建信用卡欺诈检测系统,并讨论该系统对金融安全的重要性。

(5) 讨论大数据分析如何在投资组合管理中被应用,包括数据来源和分析方法,并解释其对提高投资回报的潜在影响。

(6) 描述如何利用数据分析方法来检测金融市场的异常行为,并讨论这种检测对维护市场公平性和透明度的意义。

第4章

电商大数据分析案例

4.1 电商企业销售数据分析与预测

4.1 视频讲解

4.1.1 案例背景

某电商企业在过去三个月增加了广告投放，并观察到显著的收益增长。鉴于此，该企业打算未来六个月进一步增加广告投入。现在的问题是，这样的广告投入增加将会对企业未来的收益产生何种影响？为解答这个问题，可以运用 Python 工具结合科学的统计分析方法，对该电商企业的销售收入和广告费用进行详细分析和预测。首先，将探索过去销售收入与广告费用之间的关系，然后进行销售收入的预测分析。

4.1.2 数据来源与运行环境

本案例的运行环境是 Anaconda，使用一些常用的数据分析库，例如：

- Pandas：用于进行数据的读取、处理和分析。
- Xlwt 和 Xlrd：读取 Excel 的扩展工具。Xlrd 是 Xlwt 的扩展包，专门用于 Excel 读取。可以实现指定表单、指定单元格的读取。
- NumPy：用于进行高效的数值计算。
- Scipy：是基于 NumPy 的科学计算库，用于数学、科学、工程学等领域。
- Matplotlib：用于进行数据的可视化。
- Scikit-learn：用于进行机器学习的数据预处理、模型训练和评估。

4.1.3 项目分析方法

通过对该电商企业的销售收入和广告费用投入数据进行分析后，发现它们之间存在一定的线性关系。因此，采用线性回归的分析方法，对未来六个月的销售收入进行预测。

线性回归方法包括一元线性回归和多元线性回归两种类型。

(1) 一元线性回归：当只涉及一个自变量和一个因变量，并且它们之间的关系可以用一条直线来近似表示时，就称为一元线性回归。

(2) 多元线性回归：当有两个或多个自变量时，研究因变量和多个自变量之间的关系，则称为多元线性回归。

在分析广告费用对销售收入的影响时，广告费用是用来进行预测的自变量，销售收入是被预测的因变量。由于仅涉及一个自变量和一个因变量，因此适用一元线性回归。而当研究多个因素如广告费用、季节性因素、促销活动和评价等对销售收入的影响时，则需要采用多元线性回归方法。

4.1.4 项目实现过程

用 Python 编写程序实现电商企业销售收入的预测，首先对该企业的销售收入和广告费用数据进行分析。通过绘制折线图和散点图，评估销售收入和广告费用之间的相关性。最后，利用线性回归模型实现销售收入的预测。

1. 数据处理

该电商企业的历史销售收入和广告费用数据分别存储在两个 Excel 文件中。在进行分析之前，需要对这些数据进行处理，提取与数据分析相关的信息。例如，销售收入分析仅需使用“日期”和“销售额”。

2. 日期数据统计并显示

为便于分析销售收入数据，可以根据日期按天或按月统计 Excel 表中的销售收入数据。这里可以使用 Pandas 库中 DataFrame 对象的 resample()方法。首先将 Excel 表中的日期转换为 DateTime 格式，然后将日期设置为索引。最后，利用 resample()方法和 to_period()方法对日期数据进行统计并显示。代码如下。

```
In []:
    import pandas as pd
    all=pd.read_excel("销售表.xlsx")
    all= all.loc[~((all['成交件数'] == 0) | (all['销售额'] == 0))]
                                          # 删除成交件数为 0 的和销售额为 0 的数值
    all['日期'] = pd.to_datetime(all['日期'])          # 将日期转换为日期格式
    all1=all.set_index('日期',drop=True)              # 设置日期为索引
    # 按天统计销售数据
    all_d=all1.resample('D').sum(numeric_only=False).to_period('D')
    print(all_d)
Out[]:
                商品名称            成交件数   销售额
日期
2024-01-01  女款零感防晒衣海边度假碎花连衣裙海边度假碎花半身裙夏季空调房间长
袖针织衫吊带打底纯色连衣裙海...   267     20673.4
2024-01-02  女款零感防晒衣海边度假碎花连衣裙海边度假碎花半身裙夏季空调房间长
袖针织衫吊带打底纯色连衣裙女...   233     17748.6
```

```
2024-01-03  女款零感防晒衣海边度假碎花连衣裙海边度假碎花半身裙吊带打底纯色连衣裙夏季空调房间长袖针织衫民...   237  17992.6
2024-01-04  女款零感防晒衣海边度假碎花连衣裙海边度假碎花半身裙吊带打底纯色连衣裙夏季空调房间长袖针织衫小...   416  31944.4
2024-01-05  海边度假碎花半身裙女款零感防晒衣海边度假碎花连衣裙夏季空调房间长袖针织衫吊带打底纯色连衣裙民...   521  37875.0
...                                                  ...  ...    ...
2024-12-27  海边度假碎花连衣裙女款零感防晒衣海边度假碎花半身裙泡泡袖西瓜红上衣泡泡袖落日黄上衣吊带打底纯...   420  34826.0
2024-12-28  海边度假碎花连衣裙女款零感防晒衣海边度假碎花半身裙泡泡袖西瓜红上衣夏季空调房间长袖针织衫吊带...   416  35001.6
2024-12-29  海边度假碎花连衣裙女款零感防晒衣海边度假碎花半身裙泡泡袖西瓜红上衣泡泡袖落日黄上衣夏季空调房...   471  39068.8
2024-12-30  海边度假碎花连衣裙女款零感防晒衣泡泡袖西瓜红上衣海边度假碎花半身裙夏季空调房间长袖针织衫吊带...   471  38963.2
2024-12-31  海边度假碎花连衣裙女款零感防晒衣泡泡袖西瓜红上衣海边度假碎花半身裙泡泡袖落日黄上衣吊带打底纯...   520  42659.8
[366 rows x 3 columns]
```

3. 销售收入分析

销售收入分析按照天和月份对销售收入数据进行统计,并通过图表展示出来。这种做法使得数据分析结果更加清晰和直观,具体效果如图 4.1 所示。

```
In []:
    import pandas as pd
    import matplotlib.pyplot as plt
    df= pd.read_excel('销售表.xlsx')
    df=df[['日期','销售额']]
    df['日期'] = pd.to_datetime(df['日期'])          # 将日期转换为日期格式
    df1= df.set_index('日期',drop=True)              # 设置日期为索引
    # 按天统计销售数据
    df_d=df1.resample('D').sum().to_period('D')
    print(df_d)
    # 按月统计销售数据
    df_m=df1.resample('M').sum().to_period('M')
    print(df_m)
Out[]:
    日期            销售额
    2024-01-01  20673.4
```

```
2024-01-02  17748.6
2024-01-03  17992.6
2024-01-04  31944.4
2024-01-05  37875.0
...             ...
2024-12-27  34826.0
2024-12-28  35001.6
2024-12-29  39068.8
2024-12-30  38963.2
2024-12-31  42659.8

[366 rows x 1 columns]
日期                 销售额
2024-01   958763.6
2024-02   900500.2
2024-03  1144057.4
2024-04   911718.8
2024-05  1014847.8
2024-06  1515419.0
2024-07  1433418.2
2024-08  1185811.0
2024-09  1138865.0
2024-10  1848853.4
2024-11  2347063.0
2024-12  1560959.6
```

下面通过 DataFrame 对象本身提供的绘图方法实现图表的绘制，并应用子图，主要使用 subplots()函数实现。首先，使用 subplots()函数创建坐标系对象 Axes，然后在绘制图表中指定 Axes 对象，代码如下。

```
In []:
    # 图表字体为黑体，字号为 10
    plt.rc('font', family='SimHei',size=10)
    # 绘制子图
    fig = plt.figure(figsize=(9,5))
    ax=fig.subplots(1,2)                                  #创建 Axes 对象
    # 分别设置图表标题
    ax[0].set_title('按天分析销售收入')
    ax[1].set_title('按月分析销售收入')
```

```
    df_d.plot(ax=ax[0],color='r')                        #第一幅图折线图
    df_m.plot(kind='bar',ax=ax[1],color='g')             #第二幅图柱形图
    # 调整图表距上部和底部的空白
    plt.subplots_adjust(top=0.95,bottom=0.15)
    plt.show()
Out[]:
```

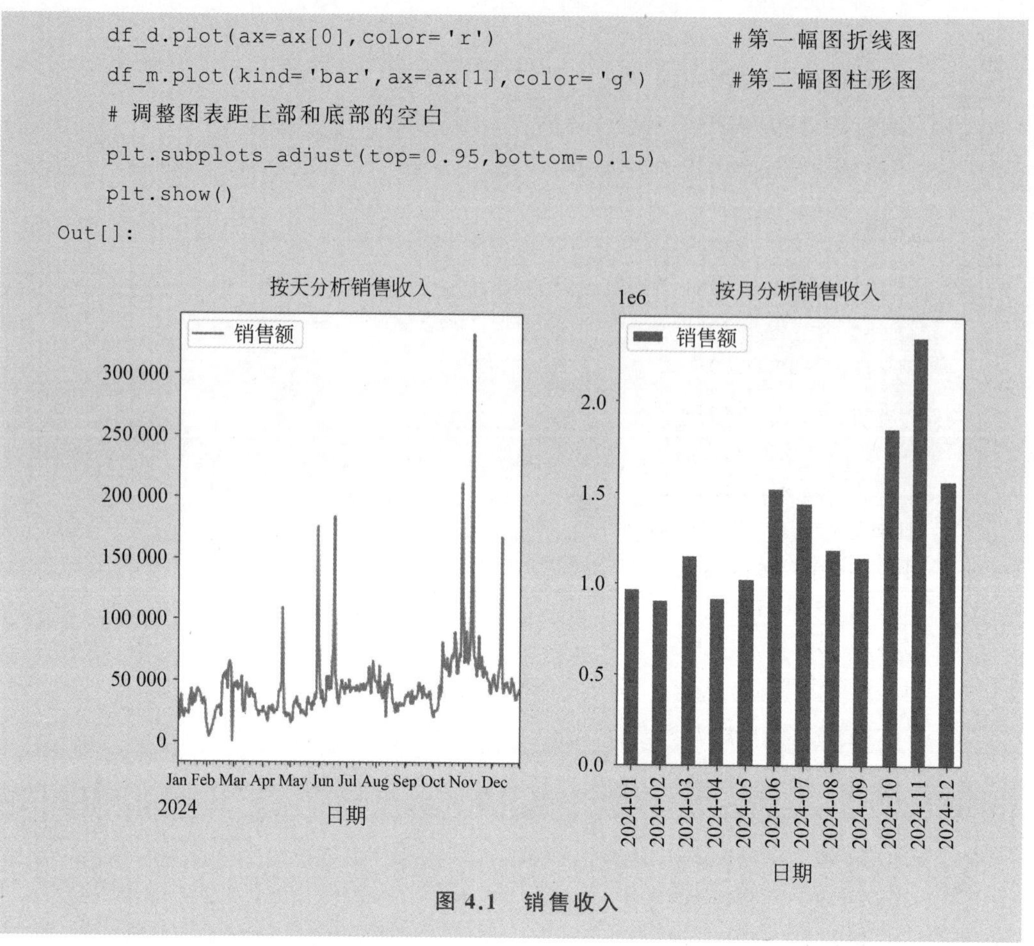

图 4.1　销售收入

4. 销售收入与广告费相关性分析

在使用线性回归方法预测销售收入之前,对相关数据进行分析至关重要。仅凭数据本身很难发现其中的趋势和联系,但将数据绘制成图表后,这些趋势和联系就会变得清晰可见。

接下来,通过折线图和散点图来探索销售收入与广告费之间的相关性。在绘制图表之前,首先要确保有足够的数据。销售收入和广告费的部分数据如图 4.2 和图 4.3 所示(由于数据较多,此处仅展示部分数据)。

首先读取数据,对数据进行浏览,代码如下。

```
In []:
    import pandas as pd
    import matplotlib.pyplot as plt
    df1= pd.read_excel('销售表.xlsx')
    df2= pd.read_excel('广告费.xlsx')
    print (df1.head())
    print (df2.head())
```

```
Out[]:
     日期           商品名称          成交件数   销售额
0 2024-01-01   女款零感防晒衣             36     3592.8
1 2024-01-01   海边度假碎花连衣裙         28     2234.4
2 2024-01-01   海边度假碎花半身裙         20     1396.0
3 2024-01-01   夏季空调房间长袖针织衫     26     1814.8
4 2024-01-01   吊带打底纯色连衣裙         12     597.6
     投放日期     支出
0 2024-01-01   810
1 2024-01-01   519
2 2024-01-01   396
3 2024-01-01   278
4 2024-01-01   210
```

	A	B	C	D
1	日期	商品名称	成交件数	销售额
2	2024/1/1	女款零感防晒衣	36	3592.8
3	2024/1/1	海边度假碎花连衣裙	28	2234.4
4	2024/1/1	海边度假碎花半身裙	20	1396
5	2024/1/1	夏季空调房间长袖针织衫	26	1814.8
6	2024/1/1	吊带打底纯色连衣裙	12	597.6
7	2024/1/1	海边氛围感丝巾拍照	10	798
8	2024/1/1	夏季必备打底裤	12	717.6
9	2024/1/1	小香风短袖针织衫	8	558.4
10	2024/1/1	民族风短袖针织衫	7	488.6
11	2024/1/1	纯色短袖针织衫	12	957.6
12	2024/1/1	女款五分牛仔裤	8	638.4
13	2024/1/1	男款五分牛仔裤	8	558.4
14	2024/1/1	女款七分牛仔裤	16	1276.8
15	2024/1/1	夏季碎花发带	3	149.4
16	2024/1/1	女款卡通坡跟凉鞋	7	558.6
17	2024/1/1	女款公主风凉鞋	6	538.8
18	2024/1/1	女款经典款凉鞋	7	558.6
19	2024/1/1	女款卡通帆布包	5	299
20	2024/1/1	男女通用印字帆布包	3	209.4
21	2024/1/1	复古印花连衣裙	5	449

图 4.2　部分销售数据

5. 绘制折线图

为了更清晰地比较广告费和销售收入这两组数据的变化和趋势，采用双 Y 轴折线图的形式。其中，主 Y 轴用于绘制广告费数据，而次 Y 轴则用于绘制销售收入数据。通过对折线图的观察，可以发现广告费和销售收入两组数据的变化和趋势大致相同。总体趋势显示，广告费和销售收入都呈现出增长的态势。此外，从规律性的角度来看，两组数据的每次最低点出现在同一个月。在更细致的观察中，也可以发现两组数据的短期趋势变化基本一致，具体情况如图 4.4 所示。

	A	B
1	投放日期	支出
2	2024-1-1	810
3	2024-1-1	519
4	2024-1-1	396
5	2024-1-1	278
6	2024-1-1	210
7	2024-1-1	198
8	2024-1-1	164
9	2024-1-1	162
10	2024-1-1	154
11	2024-1-1	135
12	2024-1-1	134
13	2024-1-1	132
14	2024-1-1	125
15	2024-1-1	107
16	2024-1-1	93
17	2024-1-1	92
18	2024-1-1	82
19	2024-1-1	81
20	2024-1-1	59
21	2024-1-1	54
22	2024-1-1	47
23	2024-1-1	43
24	2024-1-1	43
25	2024-1-1	40

图 4.3 部分广告费数据

```
In []:
    import pandas as pd
    import matplotlib.pyplot as plt
    df1= pd.read_excel('广告费.xlsx ')
    df2= pd.read_excel('销售表.xlsx ')
    print(df1.head())
    print(df2.head())
Out[]:
      投放日期    支出
    0 2024-01-01   810
    1 2024-01-01   519
    2 2024-01-01   396
    3 2024-01-01   278
    4 2024-01-01   210
          日期               商品名称           成交件数   销售额
      0 2024-01-01     女款零感防晒衣              36     3592.8
      1 2024-01-01     海边度假碎花连衣裙          28     2234.4
      2 2024-01-01     海边度假碎花半身裙          20     1396.0
      3 2024-01-01     夏季空调房间长袖针织衫      26     1814.8
      4 2024-01-01     吊带打底纯色连衣裙          12     597.6
In []:
```

```
    df1['投放日期'] = pd.to_datetime(df1['投放日期'])
    df1= df1.set_index(['投放日期'],drop=True)
    df2=df2[['日期','销售额']]
    df2['日期'] = pd.to_datetime(df2['日期'])
    df2= df2.set_index(['日期'],drop=True)
    # 按月统计金额
    df_x=df1.resample('M').sum().to_period('M')
    df_y=df2.resample('M').sum().to_period('M')
    #x为广告费,y为销售收入
    y1=pd.DataFrame(df_x['支出'])
    y2=pd.DataFrame(df_y['销售额'])
    fig = plt.figure()
    # 图表字体为黑体,字号为11
    plt.rc('font', family='SimHei',size=11)
    ax1 = fig.add_subplot(111)                                  # 添加子图
    plt.title('京东电商销售收入与广告费分析折线图')              # 图表标题
    # 图表 x 轴标题
    x=[0,1,2,3,4,5,6,7,8,9,10,11]
    plt.xticks(x,['1月','2月','3月','4月','5月','6月','7月','8月',
'9月','10月','11月','12月'])
    ax1.plot(x,y1,color='orangered',linewidth=2,linestyle='-',marker=
'o',mfc='w',label='广告费')
    plt.legend(loc='upper left')
    ax2 = ax1.twinx()                                           # 添加一条 y 轴坐标轴
    ax2.plot(x,y2,color='b',linewidth=2,linestyle='-',marker='o',mfc=
'w',label='销售收入')
    plt.subplots_adjust(right=0.85)
    plt.legend(loc='upper center')
    plt.show()
Out[]:
```

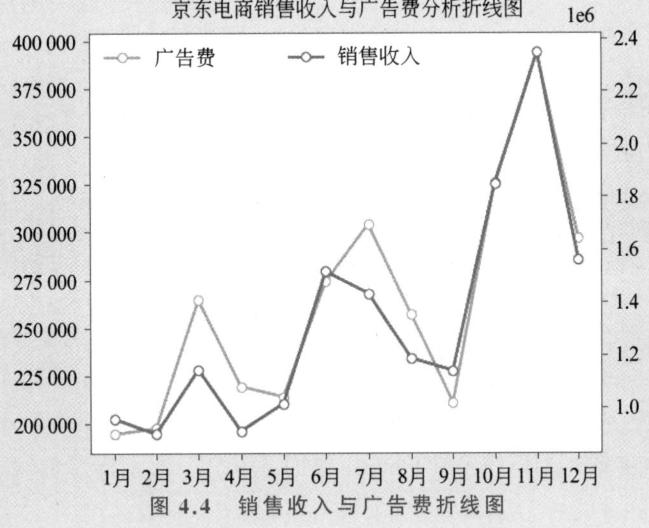

图 4.4　销售收入与广告费折线图

6. 绘制散点图

对比折线图,散点图更为直观。散点图消除时间维度的影响,专注于展现广告费和销售收入两组数据之间的关系。在绘制散点图之前,将广告费设置为自变量 x,将销售收入设置为因变量 y。接下来,根据每个月的销售收入和广告费数据绘制散点图,其中自变量 x 轴表示广告费数据,因变量 y 轴表示销售收入数据。通过观察数据点的分布情况,可以发现自变量 x 和因变量 y 具有相同的变化趋势,即随着广告费的增加,销售收入也随之增加。具体情况可见图 4.5。代码如下。

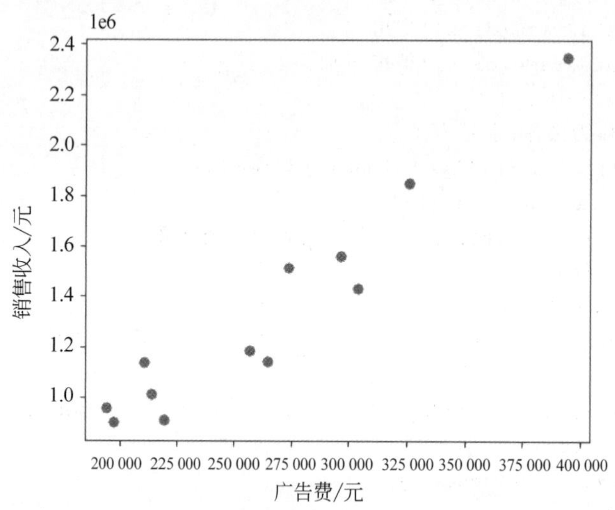

图 4.5 销售收入与广告费散点图

```
In []:
    import pandas as pd
    import matplotlib.pyplot as plt
    df1= pd.read_excel('广告费.xlsx')
    df2= pd.read_excel('销售表.xlsx')
    df1['投放日期'] = pd.to_datetime(df1['投放日期'])
    df1= df1.set_index('投放日期',drop=True)
    df2=df2[['日期','销售额']]
    df2['日期'] = pd.to_datetime(df2['日期'])
    df2= df2.set_index('日期',drop=True)
    # 按月统计金额
    df_x=df1.resample('M').sum().to_period('M')
    df_y=df2.resample('M').sum().to_period('M')
    #x为广告费,y为销售收入
    x=pd.DataFrame(df_x['支出'])
    y=pd.DataFrame(df_y['销售额'])
    # 图表字体为黑体,字号为11
```

```
    plt.rc('font', family='SimHei',size=11)
    plt.figure("京东电商销售收入与广告费分析散点图")
    plt.scatter(x, y,color='r')                    # 真实值散点图
    plt.xlabel(u'广告费(元)')
    plt.ylabel(u'销售收入(元)')
    plt.subplots_adjust(left=0.15)                 # 图表距画布右侧之间的空白
    plt.show()
Out[]:
```

通过折线图和散点图清晰地展示广告费和销售收入两组数据，可以帮助我们直观地发现它们之间的关系。这种数据间的关系的识别为接下来的决策提供了重要的指导。通过对折线图和散点图的分析，可以对销售收入进行预测，从而做出更为科学的决策，而不是依赖模棱两可的估计。

7. 销售收入预测

计划在 2025 年上半年投入广告费的具体数据如表 4.1 所示。基于这些分析结果，将采用线性回归分析方法来预测未来六个月的销售收入。为此，将主要利用 Scikit-learn 提供的线性模型中的 linear_model 模块。

表 4.1　计划投入广告费

1 月	2 月	3 月	4 月	5 月	6 月
120 000.00	130 000.00	150 000.00	180 000.00	200 000.00	250 000.00

首先，将广告费设置为自变量 x，将销售收入设置为因变量 y。将计划投入的广告费设置为 x_0，将预测的销售收入设置为 y_0。接着，将拟合线性模型，获取回归系数和截距。最后，利用给定的计划广告费 x_0 和线性模型来预测销售收入 y_0。代码如下。

```
In []:
    import pandas as pd
    from sklearn import linear_model
    import matplotlib.pyplot as plt
    import numpy as np
    df1= pd.read_excel('广告费.xlsx')
    df2= pd.read_excel('销售表.xlsx')
    # 数据处理
    df1['投放日期'] = pd.to_datetime(df1['投放日期'])
    df1= df1.set_index('投放日期',drop=True)
    df2=df2[['日期','销售额']]
    df2['日期'] = pd.to_datetime(df2['日期'])
    df2= df2.set_index('日期',drop=True)
```

```
    # 按月统计金额
    df_x=df1.resample('M').sum().to_period('M')
    df_y=df2.resample('M').sum().to_period('M')
    clf=linear_model.LinearRegression()              # 创建线性模型
    # x为广告费,y为销售收入
    x=pd.DataFrame(df_x['支出'])
    y=pd.DataFrame(df_y['销售额'])
    clf.fit(x.values,y)                              # 拟合线性模型
    k=clf.coef_                                      # 获取回归系数
    b=clf.intercept_                                 # 获取截距
    # 未来 6 个月计划投入的广告费
    x0=np.array([120000,130000,150000,180000,200000,250000])
    x0=x0.reshape(6,1)                               # 数组重塑
    # 预测未来 6 个月的销售收入(y0)
    y0=clf.predict(x0)
    print('预测销售收入:')
    print(y0)
Out[]:
    预测销售收入:
    [[ 343159.27570676]
     [ 412382.75795495]
     [ 550829.72245131]
     [ 758500.16919587]
     [ 896947.13369224]
     [1243064.54493316]]
```

接下来,为直观地观察真实数据与预测数据之间的关系,下面在散点图中加入预测值(预测回归线)绘制线性拟合图,效果如图 4.6 所示。

```
In []:
    # 使用线性模型预测 y 值
    y_pred =clf.predict(x)
    # 图表字体为华文细黑,字号为 10
    plt.rc('font', family='SimHei',size=11)
    plt.figure("京东电商销售数据分析与预测")
    plt.scatter(x, y,color='r')                          # 真实值散点图
    plt.plot(x,y_pred, color='blue', linewidth=1.5)      # 预测回归线
    plt.ylabel(u'销售收入(元)')
    plt.xlabel(u'广告费(元)')
    plt.subplots_adjust(left=0.2)                        # 设置图表距画布左边的空白
```

```
    plt.show()
Out[]:
```

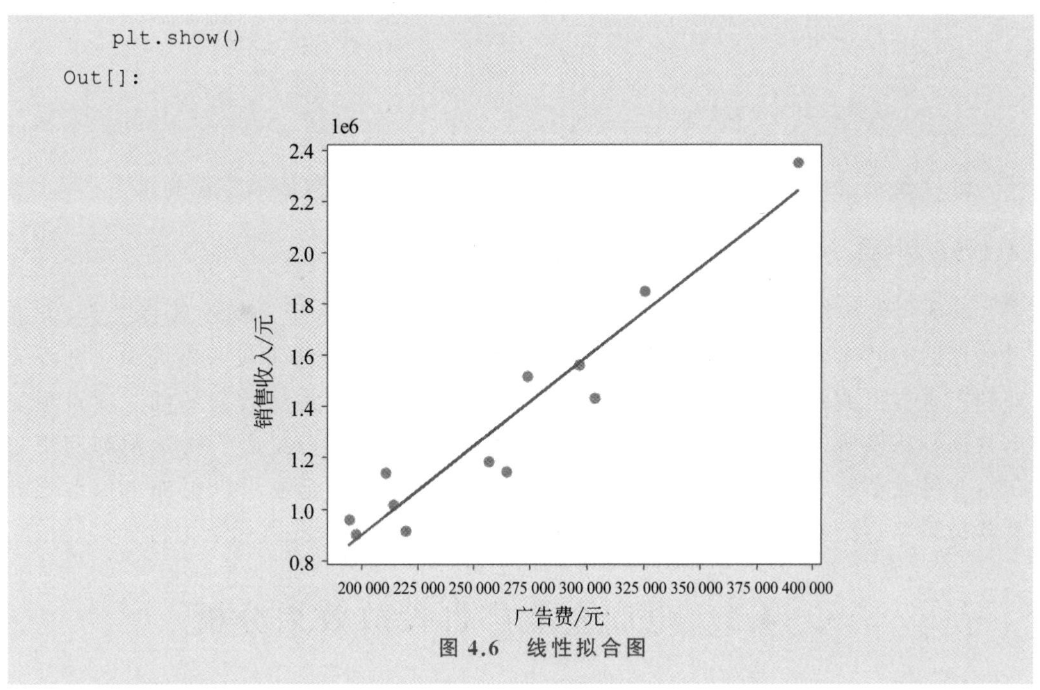

图 4.6　线性拟合图

8. 预测评分

评分算法主要采用准确率作为评价指标，准确率越高，说明对销售收入的预测效果越好。

接下来，将使用 Scikit-learn 提供的评价指标函数 metrics()来实现对回归模型的评估，其中主要包括以下 4 种方法。

explained_variance_score()：回归模型的方差得分，取值范围为 0～1。

mean _ absolute error()：平均绝对误差。

mean _ squared　error()：均方差。

r2_ score()：判定系数，解释回归模型的方差得分，取值范围为 0～1。

我们将使用 r2_score()方法评估回归模型，以对预测结果进行评分。评分结果为 0 时，表示预测结果与盲目猜测相似；评分结果为 1 时，表示预测结果非常准确；评分结果介于 0 和 1 时，表示预测结果的准确程度；若评分结果为负数，则说明预测结果不如盲目猜测，这可能是因为数据之间缺乏线性关系所致。

假设未来六个月实际销售收入分别是 360 000、450 000、600 000、800 000、920 000、1 300 000，程序代码如下。

```
In []:
    # 预测评分
    from sklearn.metrics import r2_score
    y_true = [360000,450000,600000,800000,920000,1300000]    # 真实值
    score=r2_score(y_true,y0)                                # 预测评分
```

```
    print(score)
Out[]:
    0.9839184076292552
```

运行程序,输出结果为 0.9839184076292552,说明预测结果非常好。

4.1.5 小结

本项目案例精彩地呈现了如何利用销售收入与广告费用之间的线性关系,并通过线性回归技术预测电商企业未来的销售收益变化。此方法不仅可以助力企业深入理解广告支出的效益,还为制定未来的营销战略提供了坚实的数据基础。项目彰显出数据分析及机器学习技术在商业决策制定中的重要作用,突出了科学预测和规划在企业经营活动中的核心地位。借助于精确的数据分析,企业可以更加自信地规划其营销策略,优化资源配置,确保在竞争激烈的市场环境中获得竞争优势。

4.2 视频讲解

4.2 电商企业广告投放效果分析

4.2.1 案例背景

电商企业在进行广告投放时涉及多种渠道,而每个渠道的客户属性可能不同。例如,在优酷视频和今日头条等渠道投放广告,其效果可能存在差异。本案例旨在通过广告效果分析,实现对广告效果的有针对性测量和优化工作。

本案例中采集各类广告渠道在 90 天内的日均独立访客数(UV)、平均注册率、平均搜索率、访问深度、平均停留时长、订单转化率等特征数据,同时考虑广告投放时间、素材类型、广告类型、合作方式、广告尺寸和广告卖点等因素。通过对这些特征进行分类和分析,确定每类渠道的重点特征,从而为未来的广告投放决策提供有力支持。

4.2.2 数据来源与运行环境

除渠道唯一标识,共 13 个字段,889 行,有缺失值,有异常值。

属性如下。

- 渠道代号:渠道唯一标识。
- 日均 UV:每天的独立访问量。
- 平均注册率:日均注册用户数/平均每日访问量。
- 平均搜索量:每个访问的搜索量。
- 访问深度:总页面浏览量/平均每天的访问量。
- 平均停留时长:总停留时长/平均每天的访问量。
- 订单转化率:总订单数量/平均每天的访客量。
- 投放时间:每个广告在外投放的天数。

- 素材类型：'jpg'、'swf'、'gif'、'sp'。
- 广告类型：banner、tips、不确定、横幅、暂停。
- 合作方式：'roi'、'cpc'、'cpm'、'cpd'。
- 广告尺寸：'14040'、'308388'、'450300'、'60090'、'480360'、'960126'、'900120'、'390270'。
- 广告卖点：打折、满减、满赠、秒杀、直降、满返。

4.2.3　项目实现过程

1. 数据审查

```
In []:
    ## 导入库,加载数据
    import pandas as pd
    import numpy as np
    import matplotlib as mpl
    import matplotlib.pyplot as plt
    from sklearn.preprocessing import MinMaxScaler,OneHotEncoder
    from sklearn.metrics import silhouette_score          # 导入轮廓系数指标
    from sklearn.cluster import KMeans                    # KMeans 模块
    %matplotlib inline
    ## 设置属性防止中文乱码
    mpl.rcParams['font.sans-serif'] = [u'SimHei']
    mpl.rcParams['axes.unicode_minus'] = False
```

以上代码中，OneHotEncoder 为独热编码，如果一个类别特征有 n 个类别，将该变量按照类别分裂成 N 维新变量，包含则标记为 1，否则为 0，用 N 维特征表示原来的特征。

```
In []:
    raw_data = pd.read_csv(r'./ad_performance.csv')
    raw_data.head()
Out[]:
```

	渠道代号	日均UV	平均注册率	平均搜索量	访问深度	平均停留时间	订单转化率	投放总时间	素材类型	广告类型	合作方式	广告尺寸	广告卖点
0	A203	3.69	0.0071	0.0214	2.3071	419.77	0.0258	20	jpg	banner	roi	140*40	打折
1	A387	178.70	0.0040	0.0324	2.0489	157.94	0.0030	19	jpg	banner	cpc	140*40	满减
2	A388	91.77	0.0022	0.0530	1.8771	357.93	0.0026	4	jpg	banner	cpc	140*40	满减
3	A389	1.09	0.0074	0.3382	4.2426	364.07	0.0153	10	jpg	banner	cpc	140*40	满减
4	A390	3.37	0.0028	0.1740	2.1934	313.34	0.0007	30	jpg	banner	cpc	140*40	满减

以上输出结果中，“渠道代号”是唯一标识，“日均 UV”到“投放总时间”是数值型

(float 或 int)变量，后面是字符型变量。

```
In[]:
    # 数据审查
    # 查看基本状态
    raw_data.head(2)                              # 打印输出前两条数据
Out[]:
```

	渠道代号	日均UV	平均注册率	平均搜索量	访问深度	平均停留时间	订单转化率	投放总时间	素材类型	广告类型	合作方式	广告尺寸	广告卖点
0	A203	3.69	0.0071	0.0214	2.3071	419.77	0.0258	20	jpg	banner	roi	140 * 40	打折
1	A387	178.70	0.0040	0.0324	2.0489	157.94	0.0030	19	jpg	banner	cpc	140 * 40	满减

```
In []:
    raw_data.info()                               # 打印数据类型分布
Out[]:
    <class 'pandas.core.frame.DataFrame'>
    RangeIndex: 889 entries, 0 to 888
    Data columns (total 13 columns):
     #   Column   Non-Null Count   Dtype
    ---  ------   --------------   -----
     0   渠道代号      889 non-null     object
     1   日均 UV     889 non-null     float64
     2   平均注册率     889 non-null     float64
     3   平均搜索量     889 non-null     float64
     4   访问深度      889 non-null     float64
     5   平均停留时间    887 non-null     float64
     6   订单转化率     889 non-null     float64
     7   投放总时间     889 non-null     int64
     8   素材类型      889 non-null     object
     9   广告类型      889 non-null     object
     10  合作方式      889 non-null     object
     11  广告尺寸      889 non-null     object
     12  广告卖点      889 non-null     object
    dtypes: float64(6), int64(1), object(6)
    memory usage: 90.4+ KB
In []:
    raw_data.describe().round(2).T                # 打印原始数据基本描述性信息
Out[]:
           count   mean     std     min    25%    50%     75%     max
  日均 UV   889.0  540.85  1634.41  0.06  6.18  114.18  466.87  25294.77
平均注册率   889.0   0.00     0.00   0.00  0.00    0.00    0.00      0.04
平均搜索量   889.0   0.03     0.11   0.00  0.00    0.00    0.01      1.04
```

访问深度	889.0	2.17	3.80	1.00	1.39	1.79	2.22	98.98
平均停留时间	887.0	262.67	224.36	1.64	126.02	236.55	357.98	4450.83
订单转化率	889.0	0.00	0.01	0.00	0.00	0.00	0.00	0.22
投放总时间	889.0	16.05	8.51	1.00	9.00	16.00	24.00	30.00

上面的输出结果中,分别展示前两条数据、所有特征的数据类型,以及数值型特征的五值分布。

```
In []:
    # 查看缺失值情况
    # 缺失值审查
    na_cols = raw_data.isnull().any(axis=0)        # 查看每一列是否具有缺失值
    na_cols
Out[]:
    渠道代号        False
    日均 UV       False
    平均注册率       False
    平均搜索量       False
    访问深度        False
    平均停留时间       True
    订单转化率       False
    投放总时间       False
    素材类型        False
    广告类型        False
    合作方式        False
    广告尺寸        False
    广告卖点        False
    dtype: bool
In []:
    raw_data.isnull().sum().sort_values(ascending=False)
                                                   #查看具有缺失值的行总记录数
Ouy[]:
    平均停留时间      2
    渠道代号       0
    日均 UV      0
    平均注册率      0
    平均搜索量      0
    访问深度       0
    订单转化率      0
    投放总时间      0
    素材类型       0
    广告类型       0
    合作方式       0
    广告尺寸       0
    广告卖点       0
    dtype: int64
In []:
```

```
    # 变量之间的相关性分析
    # 相关性分析
    raw_data.corr().round(2).T                    # 打印原始数据相关性信息
Out[]:
```

	日均 UV	平均注册率	平均搜索量	访问深度	平均停留时间	订单转化率	投放总时间
日均 UV	1.00	-0.05	-0.07	-0.02	0.04	-0.05	-0.04
平均注册率	-0.05	1.00	0.24	0.11	0.22	0.32	-0.01
平均搜索量	-0.07	0.24	1.00	0.06	0.17	0.13	-0.03
访问深度	-0.02	0.11	0.06	1.00	0.72	0.16	0.06
平均停留时间	0.04	0.22	0.17	0.72	1.00	0.25	0.05
订单转化率	-0.05	0.32	0.13	0.16	0.25	1.00	-0.00
投放总时间	-0.04	-0.01	-0.03	0.06	0.05	-0.00	1.00

```
In []:
    # 相关性可视化展示
    import seaborn as sns
    corr = raw_data.corr().round(2)
    sns.heatmap(corr,cmap='Reds',annot = True)
Out[]:
```

如图 4.7 所示,我们观察到"访问深度"和"平均停留时间"之间存在较高的相关性。高相关性意味着在建立模型时,这两个变量的作用或效果相似,因此可以考虑将它们组合起来或删除其中之一。

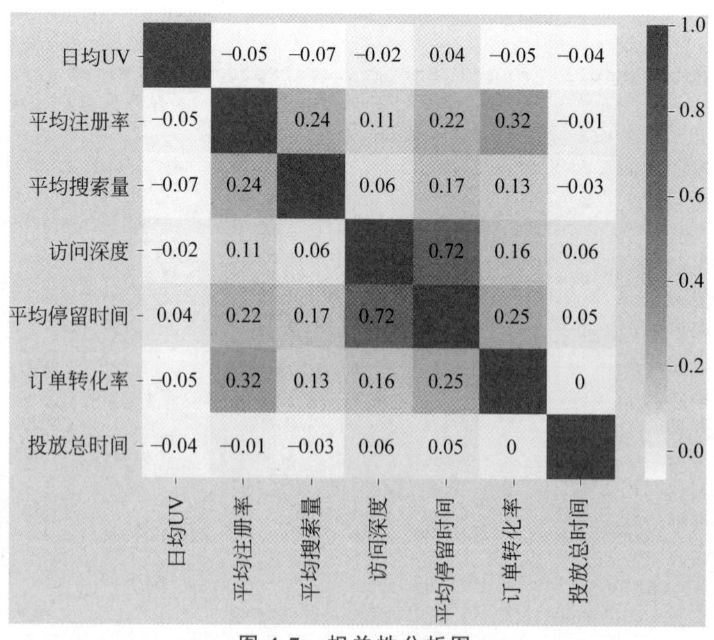

图 4.7 相关性分析图

2. 数据处理

将常规数据经过清洗、转换、规约、聚合和抽样等处理方式，转变为机器学习模型能够识别或提高准确度的数据。代码如下。

```
In []:
    # 删除平均停留时间列
    raw_data2 = raw_data.drop(['平均停留时间'],axis=1)
    # 类别变量的独热编码
    # 类别变量取值
    cols=["素材类型","广告类型","合作方式","广告尺寸","广告卖点"]
    for x in cols:
        data=raw_data2[x].unique()
        print("变量【{0}】的取值有:\n{1}".format(x,data))
        print("-·"*20)
Out[]:
    变量【素材类型】的取值有:
    ['jpg' 'swf' 'gif' 'sp']
    -·-·-·-·-·-·-·-·-·-·-·-·-·-·-·-·-·-·-·-·
    变量【广告类型】的取值有:
    ['banner' 'tips' '不确定' '横幅' '暂停']
    -·-·-·-·-·-·-·-·-·-·-·-·-·-·-·-·-·-·-·-·
    变量【合作方式】的取值有:
    ['roi' 'cpc' 'cpm' 'cpd']
    -·-·-·-·-·-·-·-·-·-·-·-·-·-·-·-·-·-·-·-·
    变量【广告尺寸】的取值有:
    ['140*40' '308*388' '450*300' '600*90' '480*360' '960*126' '900
*120' '390*270']
    -·-·-·-·-·-·-·-·-·-·-·-·-·-·-·-·-·-·-·-·
    变量【广告卖点】的取值有:
    ['打折' '满减' '满赠' '秒杀' '直降' '满返']
    -·-·-·-·-·-·-·-·-·-·-·-·-·-·-·-·-·-·-·-·
In []:
    # 字符串分类独热编码处理
    cols = ['素材类型','广告类型','合作方式','广告尺寸','广告卖点']
    model_ohe = OneHotEncoder(sparse=False)          # 建立 OneHotEncode 对象
    ohe_matrix = model_ohe.fit_transform(raw_data2[cols])     # 直接转换
    print(ohe_matrix[:2])
Out[]:
```

```
[[0. 1. 0. 0. 1. 0. 0. 0. 0. 0. 0. 0. 1. 1. 0. 0. 0. 0. 0. 0. 0. 1. 0. 0.
  0. 0. 0.]
 [0. 1. 0. 0. 1. 0. 0. 0. 0. 1. 0. 0. 0. 1. 0. 0. 0. 0. 0. 0. 0. 0. 1. 0.
  0. 0. 0.]]
In []:
   # 用 Pandas 的方法
   ohe_matrix1=pd.get_dummies(raw_data2[cols])
   ohe_matrix1.head(5)
Out[]:
```

	素材类型_gif	素材类型_jpg	素材类型_sp	素材类型_swf	广告类型_banner	广告类型_tips	广告类型_不确定	广告类型_暂停	广告类型_横幅	合作方式_cpc	...	广告尺寸_480*360	广告尺寸_600*90	广告尺寸_900*120	广告尺寸_960*126	广告卖点_打折	广告卖点_满减	广告卖点_满赠	广告卖点_满返	广告卖点_直降	广告卖点_秒杀
0	0	1	0	0	1	0	0	0	0	0	...	0	0	0	0	1	0	0	0	0	0
1	0	1	0	0	1	0	0	0	0	1	...	0	0	0	0	0	1	0	0	0	0
2	0	1	0	0	1	0	0	0	0	1	...	0	0	0	0	0	1	0	0	0	0
3	0	1	0	0	1	0	0	0	0	1	...	0	0	0	0	0	1	0	0	0	0
4	0	1	0	0	1	0	0	0	0	1	...	0	0	0	0	0	1	0	0	0	0

```
5 rows × 27 columns
In []:
   # 数据标准化
   sacle_matrix = raw_data2.iloc[:, 1:7]          # 获得要转换的矩阵
   model_scaler = MinMaxScaler()                  # 建立 MinMaxScaler 模型对象
   data_scaled = model_scaler.fit_transform(sacle_matrix)
                                                  # MinMaxScaler 标准化处理
   print(data_scaled.round(2))
Out[]:
   [[0.   0.18 0.02 0.01 0.12 0.66]
    [0.01 0.1  0.03 0.01 0.01 0.62]
    [0.   0.06 0.05 0.01 0.01 0.1]
    ...
    [0.01 0.01 0.   0.   0.   0.72]
    [0.05 0.   0.   0.   0.   0.31]
    [0.   0.   0.   0.53 0.   0.62]]
In []:
   # 合并所有维度
   X = np.hstack((data_scaled, ohe_matrix))
```

3. 建立模型

```
In []:
   # 通过平均轮廓系数检验得到最佳 K-Means 聚类模型
   score_list = list()                   # 用来存储每个 K 下模型的平局轮廓系数
```

```
    silhouette_int = -1                          # 初始化的平均轮廓系数阈值
    for n_clusters in range(2, 8):
                  # 遍历从 2 到 7 几个有限组。range 函数返回结果包括 2,不包括 8
        model_kmeans = K-Means(n_clusters=n_clusters) # 建立聚类模型对象
        labels_tmp = model_kmeans.fit_predict(X)      # 训练聚类模型
        silhouette_tmp = silhouette_score(X, labels_tmp)
                                                 # 得到每个 K 下的平均轮廓系数
        if silhouette_tmp > silhouette_int:           # 如果平均轮廓系数更高
            best_k = n_clusters                       # 将最好的 K 存储下来
            silhouette_int = silhouette_tmp           # 保存平均轮廓得分
            best_kmeans = model_kmeans                # 保存模型实例对象
            cluster_labels_k = labels_tmp             # 保存聚类标签
        score_list.append([n_clusters, silhouette_tmp])
                                                 # 将每次 K 及其得分追加到列表
    print('{: * ^60}'.format('K 值对应的轮廓系数:'))
    print(np.array(score_list))                  # 打印输出所有 K 下的详细得分
    print('最优的 K 值是:{0} \n 对应的轮廓系数是:{1}'.format(best_k,
silhouette_int))
Out[]:
    *************************K 值对应的轮廓系数:*************************
    [[2.         0.38655493]
     [3.         0.45864451]
     [4.         0.50209812]
     [5.         0.4800359 ]
     [6.         0.47761127]
     [7.         0.50189829]]
    最优的 K 值是:4
    对应的轮廓系数是:0.5020981194788054
```

评价指标的总体思想是如何通过聚类方法使得同一簇内的样本距离足够接近,同时不同簇之间的平均距离足够远。

4. 聚类结果特征分析与展示

通过上面的模型,给每个观测(样本)打个标签 clusters,即它属于 4 类中的哪一类。

```
In []:
    # 将原始数据与聚类标签整合
    cluster_labels = pd.DataFrame(cluster_labels_k, columns=['clusters'])
                                            # 获得训练集下的标签信息
    merge_data = pd.concat((raw_data2, cluster_labels), axis=1)
                                            # 将原始处理过的数据跟聚类标签整合
```

```
    merge_data.head()
Out[]:
```

	渠道代号	日均 UV	平均注册率	平均搜索量	访问深度	订单转化率	投放总时间	素材类型	广告类型	合作方式	广告尺寸	广告卖点	clusters
0	A203	3.69	0.0071	0.0214	2.3071	0.0258	20	jpg	banner	roi	140*40	打折	2
1	A387	178.70	0.0040	0.0324	2.0489	0.0030	19	jpg	banner	cpc	140*40	满减	2
2	A388	91.77	0.0022	0.0530	1.8771	0.0026	4	jpg	banner	cpc	140*40	满减	2
3	A389	1.09	0.0074	0.3382	4.2426	0.0153	10	jpg	banner	cpc	140*40	满减	2
4	A390	3.37	0.0028	0.1740	2.1934	0.0007	30	jpg	banner	cpc	140*40	满减	2

```
In []:
    # 计算每个聚类类别下的样本量和样本占比
    clustering_count = pd.DataFrame(merge_data['渠道代号'].groupby(merge_
data['clusters']).count()).T.rename({'渠道代号': 'counts'})
                                                # 计算每个聚类类别的样本量
    clustering_ratio = (clustering_count / len(merge_data)).round(2).
rename({'counts': 'percentage'})                # 计算每个聚类类别的样本量占比
    print(clustering_count)
    print("#" * 30)
    print(clustering_ratio)
Out[]:
    clusters     0    1    2    3
    counts     154  313   73  349
    ##############################
    clusters      0     1     2     3
    percentage  0.17  0.35  0.08  0.39
In []:
    # 计算各个聚类类别内部最显著的特征值
    cluster_features = []           # 空列表,用于存储最终合并后的所有特征信息
    for line in range(best_k):      # 读取每个类索引
        label_data = merge_data[merge_data['clusters'] == line]
                                    # 获得特定类的数据

        part1_data = label_data.iloc[:, 1:7]          # 获得数值型数据特征
        part1_desc = part1_data.describe().round(3)
                                              # 得到数值型特征的描述性统计信息
        merge_data1 = part1_desc.iloc[2, :]           # 得到数值型特征的均值

        part2_data = label_data.iloc[:, 7:-1]  # 获得字符串型数据特征
        part2_desc = part2_data.describe(include='all')
                                         # 获得字符串型数据特征的描述性统计信息
```

```
    merge_data2 = part2_desc.iloc[2, :]
                                        # 获得字符串型数据特征的最频繁值

    merge_line = pd.concat((merge_data1, merge_data2), axis=0)
                                        # 将数值型和字符串型典型特征沿行合并
    cluster_features.append(merge_line)
                                        # 将每个类别下的数据特征追加到列表
# 输出完整的类别特征信息
cluster_pd = pd.DataFrame(cluster_features).T  # 将列表转换为矩阵
print('{:*^60}'.format('每个类别主要的特征:'))
all_cluster_set = pd.concat((clustering_count, clustering_ratio,
cluster_pd),axis=0)                     # 将每个聚类类别的所有信息合并
all_cluster_set
Out[]:
```

**************************每个类别主要的特征:********************

	0	1	2	3
counts	349	313	154	73
percentage	0.39	0.35	0.17	0.08
日均 UV	933.015	1390.013	2717.419	1904.371
平均注册率	0.003	0.003	0.005	0.003
平均搜索量	0.064	0.152	0.051	0.106
访问深度	5.916	1.168	0.947	0.943
订单转化率	0.006	0.017	0.007	0.009
投放总时间	8.77	8.199	8.529	8.217
素材类型	jpg	swf	jpg	swf
广告类型	横幅	不确定	banner	tips
合作方式	cpc	roi	cpc	cpm
广告尺寸	600*90	600*90	308*388	450*300
广告卖点	直降	打折	满减	打折

```
In []:
# 各类别数据预处理
num_sets = cluster_pd.iloc[:6, :].T.astype(np.float64)
                                                    # 获取要展示的数据
num_sets_max_min = model_scaler.fit_transform(num_sets)
                                                    # 获得标准化后的数据
print(num_sets)
print('-'*20)
print(num_sets_max_min)
Out[]:
```

	日均 UV	平均注册率	平均搜索量	访问深度	订单转化率	投放总时间
0	933.015	0.003	0.064	5.916	0.006	8.770

```
    1  1390.013  0.003  0.152  1.168  0.017  8.199
    2  2717.419  0.005  0.051  0.947  0.007  8.529
    3  1904.371  0.003  0.106  0.943  0.009  8.217
    ---------------------
    [[0.00000000e+00 0.00000000e+00 1.28712871e-01 1.00000000e+00
      0.00000000e+00 1.00000000e+00]
     [2.56106801e-01 0.00000000e+00 1.00000000e+00 4.52443193e-02
      1.00000000e+00 0.00000000e+00]
     [1.00000000e+00 1.00000000e+00 0.00000000e+00 8.04343455e-04
      9.09090909e-02 5.77933450e-01]
     [5.44358789e-01 0.00000000e+00 5.44554455e-01 0.00000000e+00
      2.72727273e-01 3.15236427e-02]]
In []:
    # 画图
    fig = plt.figure(figsize=(7,7))           # 建立画布
    ax = fig.add_subplot(111, polar=True)     # 增加子网格,注意 polar 参数
    labels = np.array(merge_data1.index)      # 设置要展示的数据标签
    cor_list = ['g', 'r', 'y', 'b']           # 定义不同类别的颜色
    angles = np.linspace(0, 2 * np.pi, len(labels), endpoint=False)
                                              # 计算各个区间的角度
    angles = np.concatenate((angles, [angles[0]]))
                                              # 建立首尾相同的字段以便于闭合
    # 画雷达图
    for i in range(len(num_sets)):            # 循环每个类别
        data_tmp = num_sets_max_min[i, :]     # 获得对应类数据
        data = np.concatenate((data_tmp, [data_tmp[0]]))
                                              # 建立首尾相同的字段以便于闭合
        ax.plot(angles, data, 'o-', c=cor_list[i], label="第%d类渠道"%(i))
                                              # 画线
        ax.fill(angles, data,alpha=2.5)
    # 设置图像显示格式
    print(angles)
    print(labels)
    ax.set_thetagrids(angles[0:-1] * 180 / np.pi, labels, fontproperties
="SimHei")                                    # 设置极坐标轴
    ax.set_title("各聚类类别显著特征对比", fontproperties="SimHei")
                                              # 设置标题放置
    ax.set_rlim(-0.2, 1.2)  # 设置坐标轴尺度范围
```

```
    plt.legend(loc="upper right",bbox_to_anchor=(1.2,1.0))
                                                            # 设置图例位置
Out[]:
    [0.          1.04719755 2.0943951   3.14159265 4.1887902   5.23598776
     0.        ]
    ['日均 UV' '平均注册率' '平均搜索量' '访问深度' '订单转化率' '投放总时间']
```

5. 数据分析结论

如图 4.8 所示，从案例结果来看，所有的广告渠道被划分为 4 个类别，每个类别的样本量分别为 154、313、349、73，对应的占比分别为 17%、35%、39%、8%。

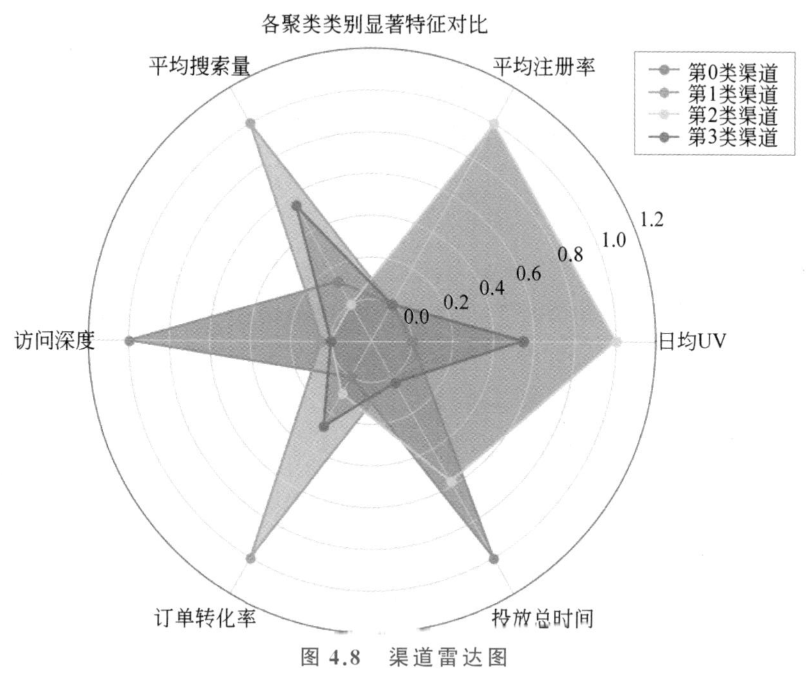

图 4.8　渠道雷达图

通过雷达图可以清晰地了解到以下情况。

类别 1(索引为 2 类的渠道)：这类广告媒体除在访问深度和投放时间上表现较好外，其他属性较为低劣。因此，这类广告媒体的效果质量较差，且占比较高(39%)，因此被归为主要关注对象之一。业务部门应仔细考虑其实际投放价值。

类别 2(索引为 1 类的渠道)：这类广告媒体在平均搜索量、日均 UV、订单转化率等广告效果指标上表现良好，是一类综合效果较好的渠道。然而，其日均 UV 相对较低，无法为企业带来大量流量和新用户，适合于用户转化，尤其是与订单转化相关的提升。

类别 3(索引为 0 类的渠道)：这类广告媒体的显著特征是日均 UV 和注册率较高，具有良好的引流和拉新效果，适合定位为引流角色。符合“广而告之”的诉求，适合用于拉新。

类别 4(索引为 3 类的渠道):这类渠道各方面特征均不明显,流量质量和流量数量的指标都处于中等水平。虽然不突出但均衡,可以考虑在各种场景下投放广告。

4.2.4 小结

本项目深入分析电商企业不同广告渠道的运作效果,为企业揭示各渠道独特的特性和表现,进而指导企业制定出更为精确有效的广告策略。借助聚类分析技术,企业得以明确识别出每个广告渠道的关键特征,从而在广告布局上进行针对性的优化,有效提升广告投资的收益率。更重要的是,本项目证实数据分析在精细化管理广告和拟定策略中的核心价值,展现利用科学方法显著提高广告成效的可能,助力企业在竞争激烈的市场环境中取得优异成绩。通过本项目,企业不仅能够优化现有的广告投放策略,还能够洞察市场动态,为企业长期发展提供数据支持和策略指导。

4.3 视频讲解

4.3 电商企业客户分析

4.3.1 案例背景

随着电商行业的迅速发展,企业之间的竞争日益激烈。电商企业面临着消费者需求不断增长以及更强大竞争对手的挑战。在这种情况下,及时发现店铺经营中的问题,并有效解决这些问题,以提升竞争力就显得尤为重要。

通过对已有数据对店铺整体运营情况进行分析,了解经营状况并对未来进行预测,已经成为电商运营不可或缺的技能。

4.3.2 项目分析目标

本项目是对一家全球超市 4 年(2011—2014 年)的零售数据进行数据分析,分析目标如下。

- 分析每年销售额增长率。
- 各个地区分店的销售额。
- 销售淡旺季。
- 新老客户数。
- 利用 RFM 模型标记用户价值。

4.3.3 数据准备

1. 数据概况

```
In []:
    import pandas as pd
    import numpy as np
    import matplotlib as mpl
```

```
    import matplotlib.pyplot as plt
In []:
    al3=pd.read_excel('客户分析.xlsx')
    al3.head()
    al3.info()
Out[]:
    <class 'pandas.core.frame.DataFrame'>
    RangeIndex: 51290 entries, 0 to 51289
    Data columns (total 24 columns):
     #   Column          Non-Null Count   Dtype
    ---  ------          --------------   -----
     0   Row ID          51290 non-null   int64
     1   Order ID        51290 non-null   object
     2   Order Date      51290 non-null   object
     3   Ship Date       51290 non-null   object
     4   Ship Mode       51290 non-null   object
     5   Customer ID     51290 non-null   object
     6   Customer Name   51290 non-null   object
     7   Segment         51290 non-null   object
     8   City            51290 non-null   object
     9   State           51290 non-null   object
     10  Country         51290 non-null   object
     11  Postal Code      9994 non-null   float64
     12  Market          51290 non-null   object
     13  Region          51290 non-null   object
     14  Product ID      51290 non-null   object
     15  Category        51290 non-null   object
     16  Sub-Category    51290 non-null   object
     17  Product Name    51290 non-null   object
     18  Sales           51290 non-null   float64
     19  Quantity        51290 non-null   int64
     20  Discount        51290 non-null   float64
     21  Profit          51290 non-null   float64
     22  Shipping Cost   51290 non-null   float64
     23  Order Priority  51290 non-null   object
    dtypes: float64(5), int64(2), object(17)
    memory usage: 9.4+ MB
```

该数据集总共 51 290 条数据，24 个字段。属性详情如下。

- Row ID：行编号。

- Order ID：订单 ID。
- Order Date：订单日期。
- Ship Date：发货日期。
- Ship Mode：发货模式。
- Customer ID：客户 ID。
- Customer Name：客户姓名。
- Segment：客户类别。
- City：客户所在城市。
- State：客户城市所在州。
- Country：客户所在国家。
- Postal Code：邮编。
- Market：商店所属区域。
- Region：商店所属洲。
- Product ID：产品 ID。
- Category：产品类别。
- Sub-Category：产品子类别。
- Product Name：产品名称。
- Sales：销售额。
- Quantity：销售量。
- Discount：折扣。
- Profit：利润。
- Shipping Cost：发货成本。
- Order Priority：订单优先级。

根据以上结果,我们对数据进行了基本了解。在这 24 个字段中,有 7 个字段是数字类型,它们在计算时无须进行类型转换。而其他字段的数据类型均为 object 类型。在获取数据时,需要特别注意数据的类型,尤其是日期字段的数据。对数据进行整理时,可以将日期字段转换为时间格式,以便于数据处理。

同时,我们发现数据缺失方面仅有邮编字段存在缺失值,然而该字段对我们的分析并不产生影响,因此可以不必处理缺失值。

2. 数据清洗

数据清洗是数据分析的关键步骤,也是最为重要的一环。它不仅可以提高数据质量,还可以避免脏数据对分析结果的影响。

数据清洗实际上包括对缺失值和异常值的处理,可以通过删除或填充来进行处理,同时也包括对列名的重命名、列数据类型的转换以及数据排序等操作,以方便后续的数据获取和分析。然而,并不是所有数据都需要执行所有这些操作。具体的清洗操作应根据实际的数据情况和分析需求进行选择。

(1) 查看是否含有缺失值。

```
In []:
    print(al3.isnull().sum())
Out[]:
    Row ID              0
    Order ID            0
    Order Date          0
    Ship Date           0
    Ship Mode           0
    Customer ID         0
    Customer Name       0
    Segment             0
    City                0
    State               0
    Country             0
    Postal Code      1375
    Market              0
    Region              0
    Product ID          0
    Category            0
    Sub-Category        0
    Product Name        0
    Sales               0
    Quantity            0
    Discount            0
    Profit              0
    Shipping Cost       0
    Order Priority      0
    Order-year          0
    Order-month         0
    quarter             0
    dtype: int64
```

使用 isnull().sum()方法可以统计出每一列中的缺失值数量,从而判断数据集中是否存在空值。通过两次验证空值的方法,得出的结论是一致的:只有 Postal Code 字段存在缺失值。鉴于该字段并不在分析范围内,可以选择不处理该字段的缺失值。同时,这也保留该字段所在数据中的其他信息,有助于确保分析结果的准确性。

(2) 查看是否有异常值。

在查看数据的缺失值之后还需要检查一下数据中是否含有异常值,Pandas 的 describe()可以用来统计数据集的集中趋势,分析各行列的分布情况,因此在查看异常值时会经常用到,代码如下。

```
In []:
    print(al3.describe())
Out[]:
             Row ID  Postal Code         Sales      Quantity      Discount  \
count  51290.00000   9994.000000  51290.000000  51290.000000  51290.000000
mean   25645.50000  55190.379428    246.490581      3.476545      0.142908
std    14806.29199  32063.693350    487.565361      2.278766      0.212280
min        1.00000   1040.000000      0.444000      1.000000      0.000000
25%    12823.25000  23223.000000     30.758625      2.000000      0.000000
50%    25645.50000  56430.500000     85.053000      3.000000      0.000000
75%    38467.75000  90008.000000    251.053200      5.000000      0.200000
max    51290.00000  99301.000000  22638.480000     14.000000      0.850000
                   Profit  Shipping Cost
    count  51290.000000   51290.000000
    mean      28.610982      26.375915
    std      174.340972      57.296804
    min    -6599.978000       0.000000
    25%        0.000000       2.610000
    50%        9.240000       7.790000
    75%       36.810000      24.450000
    max     8399.976000     933.570000
```

describe()函数会对数值型数据进行统计,输出结果指标包括 count、mean、std、min、max 及下四分位数、中位数和上四分位数。通过观察该结果发现数据集并无异常值存在。

3. 数据整理

由于很多分析的维度都是建立在时间基础上的,通过数据类型的结果发现数据中的时间是字符串类型的,所以需要处理时间的类型,将其修改成 datetime 类型,代码如下。

```
In []:
    al3['Order Date'] = pd.to_datetime(al3['Order Date'])
    al3.dtypes
Out[]:
    Row ID                   int64
    Order ID                object
    Order Date      datetime64[ns]
    Ship Date               object
    Ship Mode               object
    Customer ID             object
```

```
    Customer Name     object
    Segment           object
    City              object
    State             object
    Country           object
    Postal Code      float64
    Market            object
    Region            object
    Product ID        object
    Category          object
    Sub-Category      object
    Product Name      object
    Sales            float64
    Quantity           int64
    Discount         float64
    Profit           float64
    Shipping Cost    float64
    Order Priority    object
    dtype: object
```

上面的代码将 Order Date(订单日期)列的数据类型成功修改成 datetime 类型，因为通过 datetime 可以快速增加数据的维度，如年、月和季度等，代码如下。

```
In []:
    # 通过 dt 属性返回的对象中可以获取 datetime 中的年与日等数据
    al3['Order-year'] = al3['Order Date'].dt.year
    al3['Order-month'] = al3['Order Date'].dt.month
    al3['quarter']=al3['Order Date'].dt.to_period('Q')
    result= al3[['Order Date','Order-year', 'Order-month', 'quarter'] ].
head()
    result
Out[]:
```

Order Date	Order-year	Order-month	quarter
2011-01-01	2011	1	2011Q1
2011-01-01	2011	1	2011Q1
2011-01-01	2011	1	2011Q1
2011-01-01	2011	1	2011Q1
2011-01-01	2011	1	2011Q1

这样整理数据的优点已经一目了然，再根据不同的时间维度去获取数据时，会更

加便捷。也可以根据不同的需求进行排序等操作。例如,需要获取2011年销售额前10的客户ID数据,代码如下。

```
In[]:
    # 获 2011 年的数据
    Order2011 = al3[al3['Order-year']==2011]
    # 将 2011 年的数据按照销售额大小顺序排列
    Order2011_sort = Order2011.sort_values( 'Sales',ascending=False)
    # 获前 10 条数据中客户 ID 数据
    Order2011_sort[:10][['Customer ID','Sales']]
Out[]:
                        Customer ID     Sales
                 28612    SM-20320    22638.480
                 37929    SC-20095     9449.950
                 41049    KL-16645     8187.650
                  2255    BM-11140     8159.952
                 23374    TB-21400     6999.960
                  2756    CA-11965     6998.640
                  2273    ER-13855     6517.080
                  3188    Dp-13240     5725.350
                  2857    BP-11155     5276.988
                  2858    NW-8400      5100.000
```

4.3.4 目标分析

1. 分析每年销售额的增长率

销售增长率是企业本年销售收入增长额与上年销售收入总额之比。本年销售增长额可通过本年销售收入减去上年销售收入得到。这一指标是衡量企业经营状况、市场占有能力以及预测企业经营业务拓展趋势的重要指标。较大的销售增长率表明增长速度较快,企业市场前景较好。同样地,可以利用销售额的平均增长率预测下一年的销售额。

可以根据以下计算公式来计算销售额增长率。

$$(本年销售额-上年销售额)/上年销售额\times 100\%$$

现在,将根据当前的数据对该超市2011—2014年的销售增长率趋势进行分析,并提出下一年的销售建议。将数据按年份进行分组,并计算每年的销售总额,具体代码如下。

```
In[]:
    sales_year = al3.groupby('Order-year')['Sales'].sum()
```

```
    sales_year
Out[]:
    Order-year
    2011     2.259451e+06
    2012     2.677439e+06
    2013     3.405746e+06
    2014     4.299866e+06
    Name: Sales, dtype: float64
```

根据销售额增长率公式分别算出 2012 年、2013 年和 2014 年的销售额增长率，代码如下。

```
In []:
    sales_rate12 = sales_year[2012]/sales_year[2011]-1
    sales_rate13 = sales_year[2013]/sales_year[2012]-1
    sales_rate14 = sales_year[2014]/sales_year[2013]-1
    sales_rate12,sales_rate13,sales_rate14
Out[]:
    (0.18499530115262908, 0.2720165942560302, 0.26253258557834513)
```

若想使用百分数的结果形式，可以用下面的方式将小数改成百分数，代码如下。

```
In []:
    sales_rate12 = '%.2f%%'%(sales_rate12*100)
    sales_rate13 = '%.2f%%'%(sales_rate13*100)
    sales_rate14 = '%.2f%%'%(sales_rate14*100)
    sales_rate12,sales_rate13,sales_rate14
Out[]:
    ('18.50%', '27.20%', '26.25%')
```

用图表呈现每一年的销售额和对应的增长率。用表格展示销售额和对应的增长率，代码如下。

```
In []:
    sales_rate=pd.DataFrame({'sales_all':sales_year,'sales_rate':
['0.00%',sales_rate12,sales_rate13, sales_rate14]})
    sales_rate
Out[]:
                    Order-year    sales_all      sales_rate
                       2011      2.259451e+06     0.00%
                       2012      2.677439e+06    18.50%
                       2013      3.405746e+06    27.20%
                       2014      4.299866e+06    26.25%
```

为了能更加直观地展示数据,可以将数据进行图像展示,代码如下。

```
In []:
    # 设置显示中文
    plt.rcParams['font.sans-serif'] = ['KaiTi']
    plt.rcParams['axes.unicode_minus'] = False
    # 由于百分比数据不支持绘图,所以重新求占比
    sales_rate_12 = sales_year[2012] / sales_year[2011] - 1
    sales_rate_13 = sales_year[2013] / sales_year[2012] - 1
    sales_rate_14 = sales_year[2014] / sales_year[2013] - 1
    # 设置风格
    plt.style.use('ggplot')
    sales_rate = pd.DataFrame({'sales_all':sales_year,'sales_rate':[0,
sales_rate_12,sales_rate_13,sales_rate_14]})
    y1 = sales_rate['sales_all']
    y2 = sales_rate['sales_rate']
    x = [str(value) for value in sales_rate.index.tolist()]
    # 新建 figure 对象
    fig = plt.figure()
    # 新建子图 1
    ax1 = fig.add_subplot(1,1,1)
    # ax2 与 ax1 共享 x 轴
    ax2 = ax1.twinx()
    ax1.bar(x,y1,color='blue')
    ax2.plot(x,y2,marker='*',color='r')
    ax1.set_xlabel('年份/年')
    ax1.set_ylabel('销售额/元')
    ax2.set_xlabel('增长率')
    ax2.set_ylabel('销售额与增长率')
    plt.title('销售额与增长率')
    plt.show()
Out[]:
```

如图 4.9 所示,将销售额和增长率绘制在一个图中,使用 twinx()方法共享 x 轴,并且建立两个 y 轴,左侧的 y 轴代表的是销售额,右侧的 y 轴代表的是对应的销售额增长率。

初步分析表明,该超市在 2011—2014 年的销售额呈稳步增长趋势,这表明企业的市场占有能力不断提升。特别是在 2012—2014 年,销售增长率呈现出增长后趋于平稳的趋势,这说明企业的经营状况逐步稳定。

基于销售额和增长率的分析,可以初步制定下一年度的销售额指标约为 530 万元。当然,具体销售额指标的制定还需结合公司的整体战略规划来进行。

2. 各个地区分店的销售额

在了解该超市的整体销售额情况后,需要对不同地区分店的销售额占比情况进

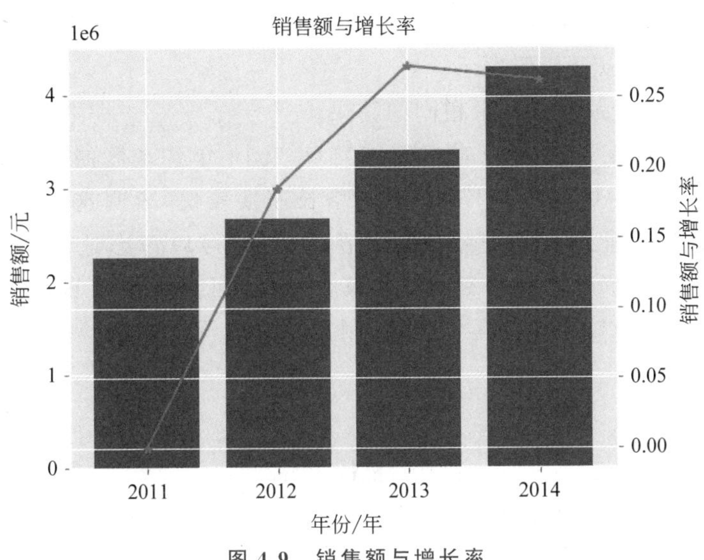

图 4.9　销售额与增长率

行分析，以便于为不同地区分配下一年度的销售额指标，并制定针对不同地区分店的营销策略。

首先，根据 Market 字段对数据进行分组，以全面了解 2011—2014 年不同地区分店的总销售额占比。具体代码如下。如图 4.10 所示，从占比图中可以看出，APAC 地区销售额占比最大，为 28.4%，而 Canada 地区的销售额占比最少，只有 0.5%，说明市场几乎没有打开，可以根据公司的总体战略部署进行取舍，从而根据销售额占比分配下一年的销售额指标。

```
In []:
    sales_area=al3.groupby('Market')['Sales'].sum()
    sales_area.plot(kind='pie',autopct='%1.1f%%',title='2011—2014 年的
总销售额占比')
Out[]:
```

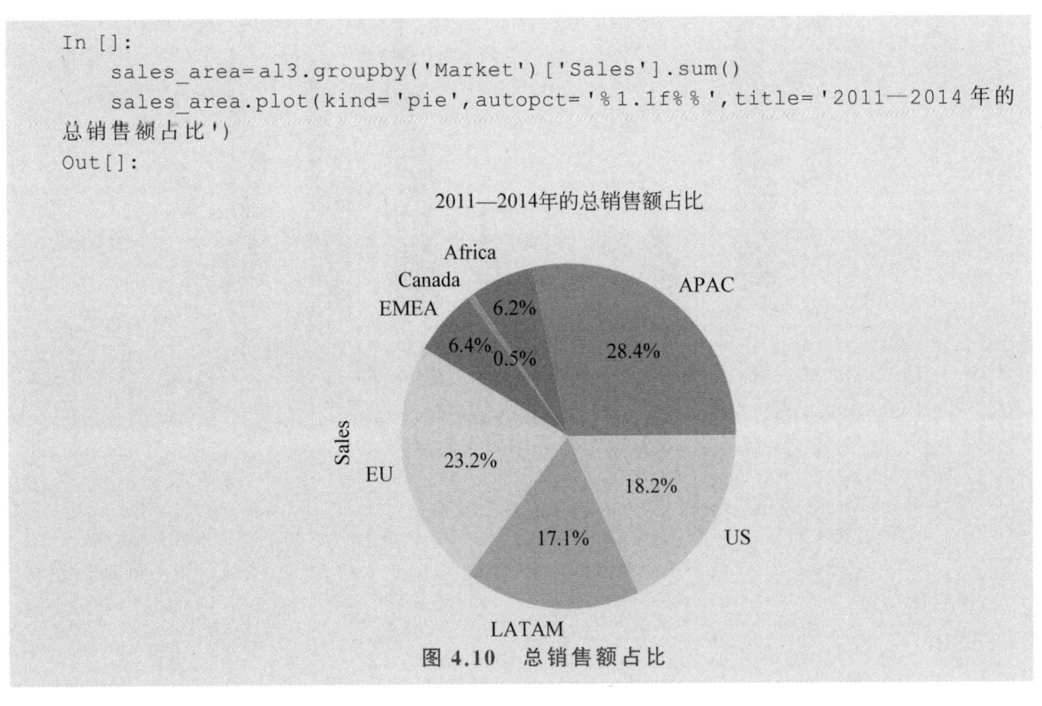

图 4.10　总销售额占比

接下来,为了能更清晰地了解各地区店铺的经营状况,可以再对各地区每一年的销售额进行分析,如以下代码所示。

使用另一种分析方法可显示相同的结果。

从图 4.11 与图 4.12 中可以观察到,2011—2014 年各地区的销售总额都呈现增长趋势。特别是 APAC 地区和 EU 地区的增长速度较快,表明这些地区的市场占有能力在不断增强,企业的市场前景较好。在下一年,可以考虑适当增加这些地区的运营成本,以进一步提升市场份额。对于其他地区,可以根据各自地区的消费特点,参考 APAC 地区和 EU 地区的运营模式,制定相应的营销策略。

```
In []:
    sales_area=al3.groupby(['Market','Order-year'])['Sales'].sum()
    # 将分组后的多层索引设置成列数据
    sales_area = sales_area.reset_index(level=[0,1])
    # 使用数据透视表重新整理数据
    sales_area=pd.pivot_table(sales_area, index='Market',columns='Order-
year',values='Sales')
    sales_area.plot(kind='bar',title='2011—2014 年不同地区销售额对比')
Out[]:
```

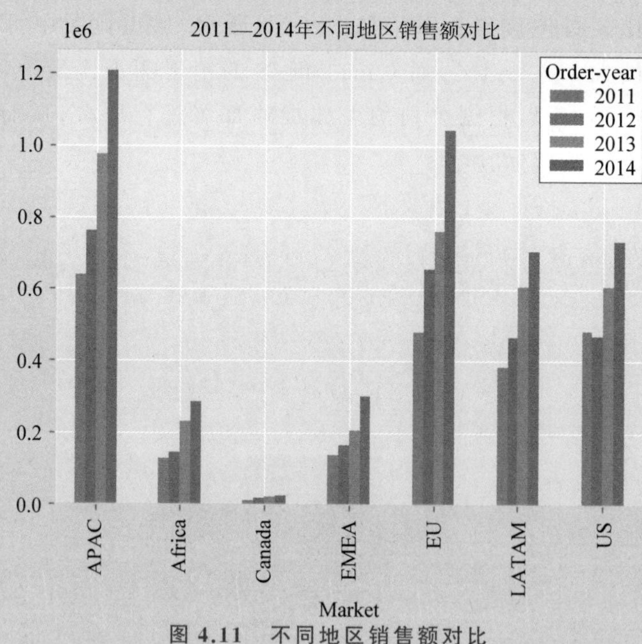

图 4.11 不同地区销售额对比

图 4.11 彩图

```
In []:
    sales_area = al3.groupby(['Market','Order-year'])['Sales'].sum()
    sales_area.unstack().plot(kind='bar',title='2011-2014 年不同地区销售
额对比')
Out[]:
```

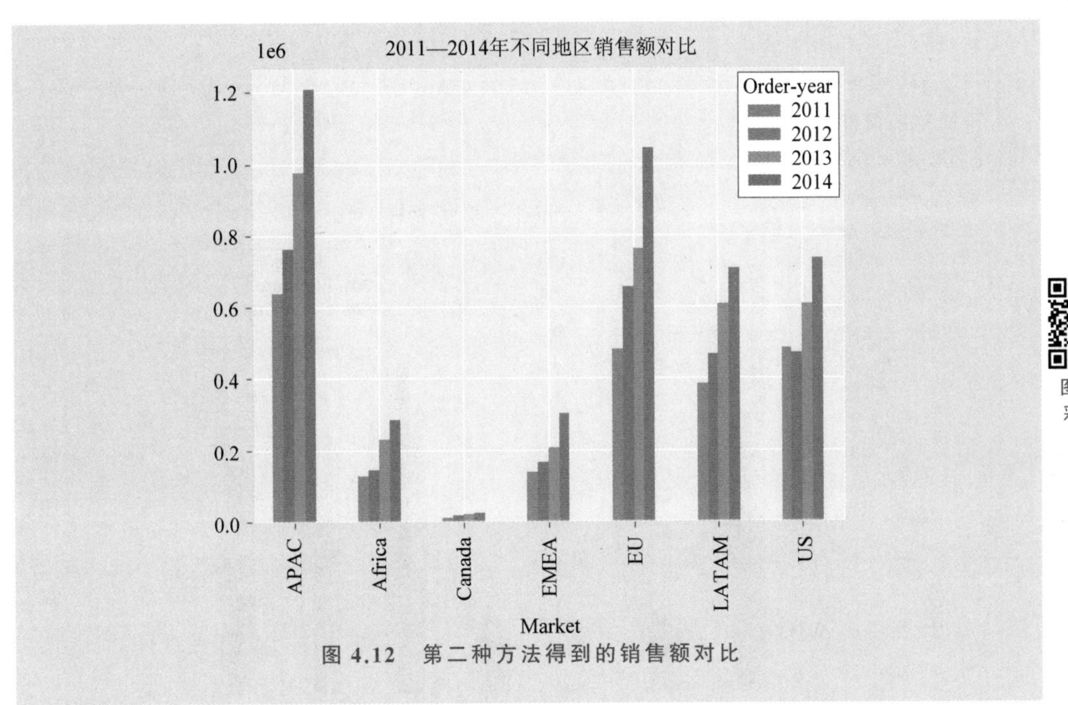

图 4.12 第二种方法得到的销售额对比

图 4.12 彩图

根据不同类型产品在不同地区的销售额占比，可以适当地改善经营策略，如以下代码所示。

```
In []:
    category_sales_area = a13.groupby(['Market','Category'])['Sales'].
sum()
    category_sales_area.unstack()
Out[]:
```

Category Market	Furniture	Office Supplies	Technology
APAC	1.343934e+ 06	8.843198e+ 05	1.357490e+ 06
Africa	1.946506e+ 05	2.667555e+ 05	3.223670e+ 05
Canada	1.059528e+ 04	3.003408e+ 04	2.629881e+ 04
EMEA	2.286207e+ 05	2.766860e+ 05	3.008546e+ 05
EU	7.791030e+ 05	1.046307e+ 06	1.112679e+ 06
LATAM	8.119706e+ 05	5.639207e+ 05	7.887138e+ 05
US	7.419998e+ 05	7.190470e+ 05	8.361540e+ 05

如图 4.13 所示，所有产品按照三个主要类型进行分类，分别是家具(Furniture)、电子产品(Technology)和办公用品(Office Supplies)。从图 4.13 可以大致看出，在各个地区，电子产品的销售额较高。因此，可以根据企业的整体战略部署，适当增加对各地区电子产品类别的投入，以扩大该产品类别的优势地位。

```
In []:
    category_sales_area.unstack().plot(kind='bar',title='不同类型产品在不同地区销售额对比')
Out[]:
```

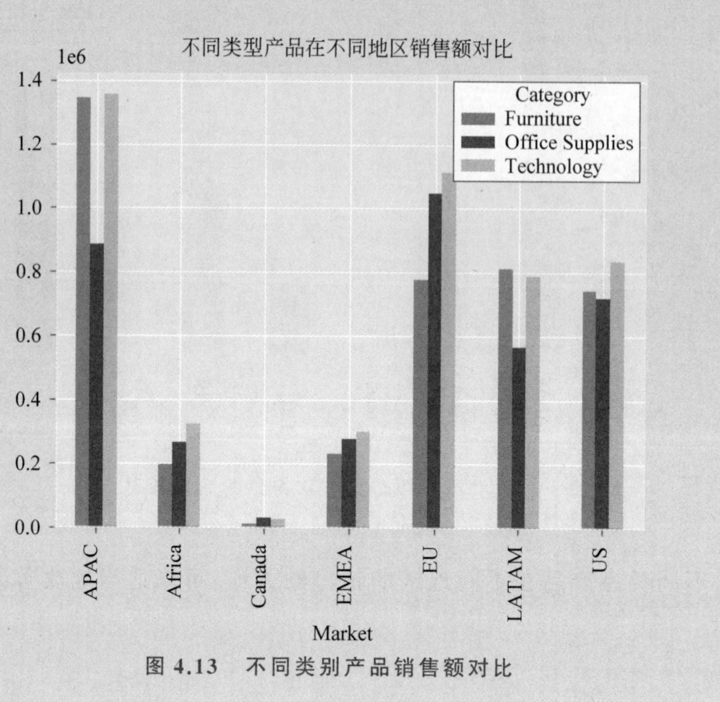

图 4.13 彩图

图 4.13　不同类别产品销售额对比

3. 销售淡旺季分析

针对超市的整体销售额情况以及不同类型产品在不同地区的销售情况,需要对每年每月的销售额进行分析。这样可以找出重点销售月份,从而制定经营策略并拆分业绩月度及季度指标。

为了更清晰地观察数据,将数据按年和月进行分组,并计算出每年每月的销售总额。然后,将这些数据制作成年、月、销售额的数据透视表,并通过折线图进行展示。以下是具体代码。

如图 4.14 所示,可以基本观察到,该超市在 2011—2014 年,每年的销售额都呈现出逐年增长的趋势。同时,也可以明显地看出该超市的旺季集中在下半年。另外,在上半年中,特别是 6 月份的销售额较为突出。因此,可以考虑在 6 月份增加一些运营成本,以进一步提高销售额。不过需要注意的是,下半年的 7 月份和 10 月份的销售额会出现明显的下降。针对这些下降的月份,可以考虑增加一些营销活动,以促进销售的提升。

```
In []:
    year_month = a13.groupby(['Order-year','Order-month'])['Sales'].sum()
    sales_year_month = year_month.reset_index(level=[0,1])
```

```
    sales_year_month = pd.pivot_table(sales_year_month, index='Order-month',columns='Order-year',values='Sales')
    sales_year_month.plot()
Out[]:
```

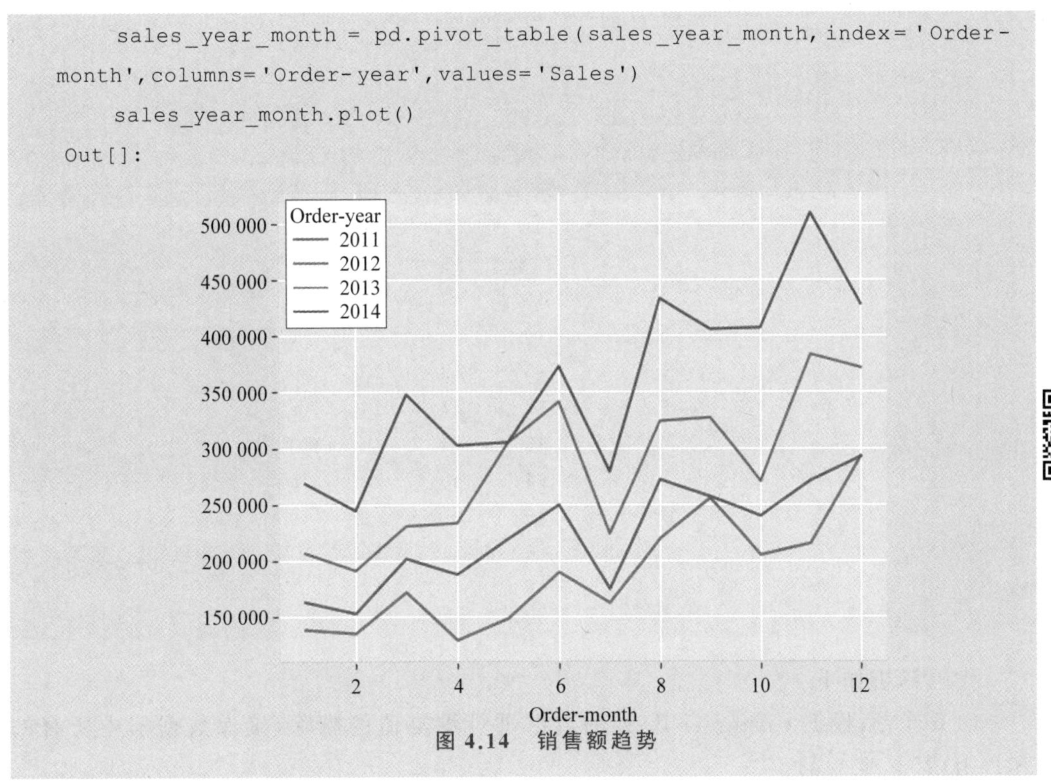

图 4.14　销售额趋势

图 4.14 彩图

4. 新老客户数分析

企业的老客户通常是企业的忠诚客户，他们具有相对较高的忠诚度和黏性，是为网站带来主要价值的客户群体；而新客户则代表着企业业务的发展，是企业价值不断提升的前提。可以说，“老客户是企业生存的基础，新客户是企业发展的动力”，因此，企业的发展战略往往是在保留老客户的基础上不断提升新客户数量。

分析新老客户的意义在于：通过分析老客户，可以确定企业的基础是否稳固，以及是否存在被淘汰的危机；通过分析新客户，可以衡量企业的发展是否顺利，以及是否有更大的扩展空间。

针对该企业的新老客户分布，需要对超市客户维系健康状态进行了解。在进行分析之前，需要对新老客户进行定义。这里将只要在该超市消费过的客户定义为老客户，而未曾消费过的客户定义为新客户。由于 2011 年的数据为起始数据，根据这个定义，大部分客户都是新客户，因此其数据没有分析价值。具体代码如下。

```
In []:
    al3 = al3.drop_duplicates(subset=['Customer ID'])
    new_consumer = al3.groupby(['Order-year','Order-month']).size()
    new_consumer = new_consumer.reset_index(level=[0,1])
    sales_year_month = pd.pivot_table(new_consumer, index='Order-month',
columns='Order-year')
```

```
    sales_year_month
Out[]:
```

Order-year	2011	2012	2013	2014
Order-month				
1	160	27	15	18
2	114	32	24	15
3	116	39	24	19
4	84	19	11	7
5	70	30	23	11
6	75	39	17	4
7	73	27	11	12
8	86	24	11	8
9	54	21	11	10
10	39	23	14	5
11	40	20	16	7
12	46	21	11	7

代码解析如下。

(1) 首先,根据 Customer ID 列的数据进行重复值的删除,确保数据集中所有的客户 ID 都是唯一的。

(2) 接着,根据 Order-year 和 Order-month 两个字段进行分组,并使用 size()函数对每个分组进行计数,以获取每个月份的订单数量。

(3) 为便于使用透视表对数据进行整理,需要先将索引转换成数据列。

(4) 利用数据透视表功能,将年份作为数据的列索引,月份作为数据的行索引。

根据图表可以观察到,从 2011 年到 2014 年,每年的新增客户数都呈现逐年减少的趋势。这表明该网站在保持老客户方面取得有效成果,其运营状况相对稳定。然而值得注意的是,新客户获取率较低,因此可以考虑不定期进行主动推广营销活动,以增加新客户的数量。

5. 用户价值度 RFM 模型分析

当前,几乎所有企业的运营都以满足客户需求为首要目标,力图提供优质服务,促进销售转化,并建立客户对产品和品牌的忠诚度,从而实现长期稳定的购买行为。市场营销和运营团队通常会进行各种活动、推出新品、利用热点话题进行营销,努力拓展客户群体并促进客户回访,以维系客户关系。然而,除少数幸运者外,大部分活动的效果并不理想,真正有价值的客户占比较少。不同阶段、不同类型的客户具有不同的需求偏好,有些客户注重价格优惠,有些客户关注新品推出,有些客户则重视优质服务。粗糙和简单的营销运营方法往往无法达到预期效果,导致企业的资源和利润无法充分发挥,无法实现最大化利润的目标。

要进行客户价值分析并甄选出有价值的客户,以提升企业竞争力和实现更大发展,关键在于实施客户精细化运营。这意味着通过各种运营手段提高不同类型客户在产品中的活跃度、留存率和付费率。而如何将客户分解成特征明显的群体，则决定运营的成败。在客户价值领域，有几种最具影响力且经过实证验证的理论与模型，其中包括客户终生价值理论、客户价值金字塔模型、策论评估矩阵分析法和 RFM 客户价值分析模型等。其中，RFM 模型是最经典的客户分群模型之一。

RFM 模型是衡量客户价值和用户创利能力的重要工具，通过客户最近一次购买时间、消费频次及消费金额这三个维度来评估客户价值。在应用 RFM 模型时，必须具备客户的基础交易数据，至少包含客户 ID、交易金额和交易时间这三个字段。

根据 R、F、M 这三个维度，可以将客户分为以下 8 种类型，如表 4.2 所示。

表 4.2　RFM 模型的客户类型划分

划分群体类型	*R*（最近一次消费时间）	*F*（消费频率）	*M*（消费金额）	成交客户等级
重要价值客户	高	高	高	A 级
重要发展客户	高	低	高	A 级
重要保持客户	低	高	高	B 级
重要挽留客户	低	低	高	B 级
一般价值客户	高	高	低	B 级
一般发展客户	高	低	低	B 级
一般保持客户	低	高	低	C 级
一般挽留客户	低	低	低	C 级

在这个模型中，每个 RFM 维度都被分为高和低两种情况，从而将客户群体分为 8 种不同类型，并可以进一步划分为 A、B、C 三个等级。举例来说，如果某个客户最近一次消费时间距离分析时间较长，但在一段时间内的消费频次和累计消费总金额都很高，那么这个客户就是 RFM 模型中的重要保持客户。为避免这类客户流失，企业的运营人员就需要针对这类客户制定特定的运营策略，这正是 RFM 模型的核心价值所在。

在 RFM 模型中，R、F、M 各个值是如何计算的呢？举例来说，对于某个超市客户在 2014 年的消费记录，如表 4.3 所示。

表 4.3　消费记录

Customer ID	Customer Name	Order Date	Sales	Product ID
KN-6705	Kristina Nunn	1/9/2014	128.736	OFF-TEN-10000025
KN-6705	Kristina Nunn	3/9/2014	795.408	FUR-FU-10003447

在这个数据中列出 5 个字段，根据 RFM 模型只需要关注 Customer ID、Order Date、Sales 这三个字段的计算即可，假设分析的时间是 5/1/2014，下面分别计算该客户的 R、F、M 的值。

(1) R：5/1/2014－3/9/2014 ＝ 53。

(2) F：消费次数 ＝ 2。

(3) M：消费金额 ＝ 128.736 ＋ 795.408。

在计算出 R、F、M 的值之后，仍然无法直接用单个的 R、F、M 数值来衡量客户的价值。那么如何根据这三个数值分别对不同维度进行高低等级的划分呢？

一种方法是使用评分方式对每个维度的数据进行评分，然后根据所有数据的平均评分，对每个评分进行高低等级的标记。评分方式根据 R、F、M 值的特征设定数值的区间，并为每个区间分配不同的评分值，然后将每个统计出来的数据值与相应的评分值对应。

具体评分机制可以按照以下方式设置。

(1) 对于 R 值，R 值越大，表示与最近一次购买时间的间隔越大，因此评分越小。

(2) 对于 F 值和 M 值，值越大，表示越活跃或消费金额越高，因此评分越大。

完成 R、F、M 三个维度的评分值设置后，可以利用每个维度评分值的平均值，对数据的 R、F、M 进行高低维度的划分。当评分值大于或等于对应的平均值时，表示高维度；反之，表示低维度。这样就可以将数据整理成之前提到的 8 种类型的表结构，并据此确定用户所属的客户类型。

下面开始利用 Python 探索该超市 2014 年的客户群体。

(1) 分析的数据是该超市 2014 年全年的数据，并假设统计的时间为 2014 年 12 月 31 日。现在利用下面的代码获取 2014 年全年的数据。

```
In []:
    import pandas as pd
    import numpy as np
    import matplotlib as mpl
    import matplotlib.pyplot as plt
    al3=pd.read_excel('客户分析.xlsx')
    al3['Order Date'] = pd.to_datetime(al3['Order Date'])
    # 通过 dt 属性返回的对象中可以获取 datetime 中的年与日等数据
    al3['Order-year'] = al3['Order Date'].dt.year
    al3['Order-month'] = al3['Order Date'].dt.month
    result= al3[['Order Date','Order-year', 'Order-month']].head()
    Result
Out[]:
                 Order Date  Order-year  Order-month
                 2011-01-01     2011          1
                 2011-01-01     2011          1
                 2011-01-01     2011          1
                 2011-01-01     2011          1
                 2011-01-01     2011          1
```

```
In []:
    # 获取 2014 年的数据
    Order2014 = al3[al3['Order-year']==2014]
    # 用这三列数据就可以制定 RFM 模型
    Order2014= Order2014[['Customer ID','Order Date','Sales']]
    Order2014
Out[]:
            Customer ID  Order Date    Sales
    13206    FH-14350    2014-01-01  677.4075
    13207    KN-16450    2014-01-01  846.2880
    13208    AS-10240    2014-01-01  332.1630
    13209    DB-13660    2014-01-01  156.5120
    13210    KL-16555    2014-01-01  159.7680
     ...       ...          ...         ...
    51285    EB-13975    2014-12-31   13.9040
    51286     LP-7095    2014-12-31    3.9900
    51287    CM-12190    2014-12-31   26.4000
    51288    TD-20995    2014-12-31    7.1200
    51289    JM-15580    2014-12-31    3.0240
17531 rows × 3 columns
```

(2) 对 2014 年数据按照 Customer ID 进行分组，然后再对每个分组的数据按照 Order Date 进行排序并获取出日期最大的那个数据，如以下代码所示。

```
In []:
    # 排序函数
    def order_sort(group):
        return group.sort_values(by='Order Date')[-1:]
    # 将数据按客户 ID 分组
    Order2014_group = Order2014.groupby(by='Customer ID', as_index =
False,group_keys=False)
    # 将每个分组对象的数据排序,并取出日期最大的数据
    Order2014_max_time = Order2014_group.apply(order_sort)
    Order2014_max_time
Out[]:
         Customer ID  Order Date    Sales
38627     AA-10315    2014-12-23   45.990
42095     AA-10375    2014-12-25  444.420
17810     AA-10480    2014-09-05   26.760
19571     AA-10645    2014-12-05  168.300
48868      AA-315     2014-12-29   20.052
```

```
  ...        ...         ...         ...
37013  YS-21880  2014-12-22  1000.020
22572  ZC-11910  2014-06-14    7.173
47385  ZC-21910  2014-12-28   135.450
47393  ZD-11925  2014-12-28    8.760
50257  ZD-21925  2014-12-30   129.033
1511 rows × 3 columns
```

(3) 经过分组之后同样可以快速算出RFM模型中的F(购买次数)和M(销售额总数),如以下代码所示。

```
In []:
    # 为数据添加 F 列
    counts=Order2014['Customer ID'].value_counts()
    Order2014_max_time['F']=counts.values
    Order2014_max_time
Out[]:
        Customer ID  Order Date    Sales     F
38627    AA-10315    2014-12-23   45.990    48
42095    AA-10375    2014-12-25   444.420   45
17810    AA-10480    2014-09-05   26.760    42
19571    AA-10645    2014-12-05   168.300   41
48868     AA-315     2014-12-29   20.052    39
  ...       ...          ...        ...     ...
37013    YS-21880    2014-12-22  1000.020    1
22572    ZC-11910    2014-06-14    7.173     1
47385    ZC-21910    2014-12-28   135.450    1
47393    ZD-11925    2014-12-28    8.760     1
50257    ZD-21925    2014-12-30   129.033    1
   1511 rows × 4 columns

In []:
    # 为数据添加 M 列
    Order2014_max_time['M']= Order2014_group.sum()['Sales'].values
    Order2014_max_time
Out[]:
        Customer ID  Order Date    Sales     F       M
38627    AA-10315    2014-12-23   45.990    48   3889.2065
42095    AA-10375    2014-12-25   444.420   45   1904.5380
17810    AA-10480    2014-09-05   26.760    42   7752.9070
19571    AA-10645    2014-12-05   168.300   41   3539.8788
```

```
48868   AA-315   2014-12-29   20.052    39   787.3920
 ...     ...       ...          ...     ...     ...
37013  YS-21880  2014-12-22  1000.020    1   7282.4740
22572  ZC-11910  2014-06-14    7.173     1     7.1730
47385  ZC-21910  2014-12-28   135.450    1   4922.8390
47393  ZD-11925  2014-12-28    8.760     1    856.2600
50257  ZD-21925  2014-12-30   129.033    1   2029.9389
1511 rows × 5 columns
```

(4) 目前已经获取到 2014 年每个客户最后一次的购买时间,现在需要根据假定时间计算出最近一次交易时间的间隔,代码如下。

```
In []:
    # 确定统计日期
    stat_date = pd.to_datetime('2014-12-31')
    # 计算最近一次交易时间的间隔
    r_al3 = stat_date - Order2014_max_time['Order Date']
    # 为数据添加 R 列
    Order2014_max_time['R']= r_al3.values
    Order2014_max_time
Out[]:
         Customer ID  Order Date    Sales     F      M          R
38627     AA-10315    2014-12-23   45.990    48   3889.2065   8 days
42095     AA-10375    2014-12-25   444.420   45   1904.5380   6 days
17810     AA-10480    2014-09-05   26.760    42   7752.9070  117 days
19571     AA-10645    2014-12-05   168.300   41   3539.8788  26 days
48868      AA-315     2014-12-29   20.052    39   787.3920    2 days
 ...        ...          ...         ...     ...     ...        ...
37013     YS-21880    2014-12-22  1000.020    1   7282.4740   9 days
22572     ZC-11910    2014-06-14   7.173      1    7.1730    200 days
47385     ZC-21910    2014-12-28   135.450    1   4922.8390   3 days
47393     ZD-11925    2014-12-28   8.760      1    856.2600   3 days
50257     ZD-21925    2014-12-30   129.033    1   2029.9389   1 days
1511 rows × 6 columns
```

(5) 在上述步骤中,已经分别计算了 RFM 各个维度的数值。现在根据经验和业务场景,需要设定每个维度的评分区间。在本项目中,设定 F 值的区间为[0, 5, 10, 15, 20, 50],并采用 5 分制的评分规则,将上述区间与评分一一对应。例如,区间[1, 5]对应评分 1,区间[5, 10]对应评分 2,以此类推。以下是相应的代码示例。

```
In []:
```

```
    section_list_F = [0,5,10,15,20,50]
    # 根据区间设置评分
    grade_F = pd.cut(Order2014_max_time['F'],bins= section_list_F,labels
= [1,2,3,4,5])
    # 添加 F_S 评分列
    Order2014_max_time['F_S']= grade_F.values
    Order2014_max_time
Out[]:
        Customer ID  Order Date    Sales     F      M          R        F_S
38627    AA-10315    2014-12-23    45.990    48   3889.2065   8 days     5
42095    AA-10375    2014-12-25   444.420    45   1904.5380   6 days     5
17810    AA-10480    2014-09-05    26.760    42   7752.9070  117 days    5
19571    AA-10645    2014-12-05   168.300    41   3539.8788   26 days    5
48868     AA-315     2014-12-29    20.052    39    787.3920   2 days     5
 ...       ...          ...         ...     ...     ...        ...      ...
37013    YS-21880    2014-12-22  1000.020    1    7282.4740   9 days     1
22572    ZC-11910    2014-06-14     7.173    1      7.1730   200 days    1
47385    ZC-21910    2014-12-28   135.450    1    4922.8390   3 days     1
47393    ZD-11925    2014-12-28     8.760    1     856.2600   3 days     1
50257    ZD-21925    2014-12-30   129.033    1    2029.9389   1 days     1
1511 rows × 7 columns
```

(6) 根据分析思路,首先确定 M 维度的区间为[0,500,1000,5000,10000,30000],然后采用5分制的评分规则与上面的分值区间一一对应。同理,确定 R 维度的区间为[−1,32,93,186,277,365],但是 R 维度所对应的评分顺序应该与 F 和 M 的相反,如以下代码所示。

```
In []:
    # 设置 M 维度的评分
    section_list_M = [0,500,1000,5000,10000,30000]
    # 根据区间设置评分
    grade_M = pd.cut(Order2014_max_time['M'],bins= section_list_M,labels
= [1,2,3,4,5])
    # 新加 M_S 评分列
    Order2014_max_time['M_S']= grade_M.values
    Order2014_max_time
    # 设置 R 维度的评分 import datetime
    import datetime
    section_list_R = [datetime.timedelta(days= i) for i in [-1,32,93,186,
277,365]]
    # 根据区间设置评分
```

```
    grade_R = pd.cut(Order2014_max_time['R'], bins=section_list_R,labels
=[5,4,3,2,1])
    # 新加 R_S 评分列
    Order2014_max_time['R_S']= grade_R.values
    Order2014_max_time
Out[]:
```

	Customer ID	Order Date	Sales	F	M	R	F_S	M_S	R_S
38627	AA-10315	2014-12-23	45.990	48	3889.2065	8 days	5	3	5
42095	AA-10375	2014-12-25	444.420	45	1904.5380	6 days	5	3	5
17810	AA-10480	2014-09-05	26.760	42	7752.9070	117 days	5	4	3
19571	AA-10645	2014-12-05	168.300	41	3539.8788	26 days	5	3	5
48868	AA-315	2014-12-29	20.052	39	787.3920	2 days	5	2	5
...	...	...	...	...	...	...	...	...	...
37013	YS-21880	2014-12-22	1000.020	1	7282.4740	9 days	1	4	5
22572	ZC-11910	2014-06-14	7.173	1	7.1730	200 days	1	1	2
47385	ZC-21910	2014-12-28	135.450	1	4922.8390	3 days	1	3	5
47393	ZD-11925	2014-12-28	8.760	1	856.2600	3 days	1	2	5
50257	ZD-21925	2014-12-30	129.033	1	2029.9389	1 days	1	3	5

1511 rows × 9 columns

(7) 已经对每条数据的 RFM 维度进行评分,并且现在需要计算出每个维度的平均分。然后,将每个维度的评分与对应的平均分进行比较,如果评分大于平均分,则将该值标记为 1;如果评分小于平均分,则将该值标记为 0。以下是相应的代码示例。

```
In []:
    # 设置 F 维度高低值
    Order2014_max_time['F_S'] = Order2014_max_time['F_S'].values.astype
('int')
    # 根据评分平均分设置判别高低
    grade_avg = Order2014_max_time['F_S'].values.sum()/Order2014_max_
time['F_S'].count()
    grade_avg
    # 将高对应为 1,低对应为 0
    data_F_S = Order2014_max_time['F_S'].where(Order2014_max_time['F_S']
>grade_avg,0)
    Order2014_max_time['F_high-low']=data_F_S.where(Order2014_max_time
['F_S']<grade_avg,1).values
    Order2014_max_time['F_high-low']
    # 设置 M 维度高低值
    Order2014_max_time['M_S'] = Order2014_max_time['M_S'].values.astype
('int')
```

```
    # 根据评分平均分设置判别高低
    grade_avg = Order2014_max_time['M_S'].values.sum()/Order2014_max_
time['M_S'].count()
    # 将高对应为 1,低对应为 0
    data_M_S = Order2014_max_time['M_S'].where(Order2014_max_time['M_S']
>grade_avg,0)
    Order2014_max_time['M_high-low']=data_M_S.where(Order2014_max_time
['M_S']<grade_avg,1).values
    # 设置 R 维度高低值
    Order2014_max_time['R_S'] = Order2014_max_time['R_S'].values.astype
('int')
    # 根据评分平均分设置判别高低
    grade_avg = Order2014_max_time['R_S'].values.sum()/Order2014_max_
time['R_S'].count()
    # 将高对应为 1,低对应为 0
    data_R_S = Order2014_max_time['R_S'].where(Order2014_max_time['R_S']
<grade_avg,0)
    Order2014_max_time['R_high-low']=data_R_S.where(Order2014_max_time
['R_S']>grade_avg,1).values
    Order2014_max_time
Out[]:
```

	Customer ID	Order Date	Sales	F	M	R	F_S	M_S	R_S	F_high-low	M_high-low	R_high-low
38627	AA-10315	2014-12-23	45.990	48	3889.2065	8 days	5	3	5	1	1	0
42095	AA-10375	2014-12-25	444.420	45	1904.5380	6 days	5	3	5	1	1	0
17810	AA-10480	2014-09-05	26.760	42	7752.9070	117 days	5	4	3	1	1	1
19571	AA-10645	2014-12-05	168.300	41	3539.8788	26 days	5	3	5	1	1	0
48868	AA-315	2014-12-29	20.052	39	787.3920	2 days	5	2	5	1	0	0
...	...	...	...	...	...	...	...	...	...	...	...	...
37013	YS-21880	2014-12-22	1000.020	1	7282.4740	9 days	1	4	5	0	1	0
22572	ZC-11910	2014-06-14	7.173	1	7.1730	200 days	1	1	2	0	0	1
47385	ZC-21910	2014-12-28	135.450	1	4922.8390	3 days	1	3	5	0	1	0
47393	ZD-11925	2014-12-28	8.760	1	856.2600	3 days	1	2	5	0	0	0
50257	ZD-21925	2014-12-30	129.033	1	2029.9389	1 days	1	3	5	0	1	0

1511 rows × 12 columns

(8) 现在基本完成了对每个数据 RFM 高低值的设置,接下来就可以根据 RFM 的高低值对每个客户进行类型标记,如以下代码所示。

```
In []:
    # 截取部分列数据
    data_rfm = Order2014_max_time.loc[:,['Customer ID','R_high-low','F_
high-low','M_high-low']]
```

```
    def get_sum_value(series):
        return ''.join([str(i) for i in series.values.tolist()[1:]])
    # 添加 RFM 字符串列
    data_rfm['data_rfm'] = data_rfm.apply(get_sum_value, axis=1)
    data_rfm['data_rfm']
    dic = {
      '111':'重要价值客户',
      '101':'重要发展客户',
      '011':'重要保持客户',
      '001':'重要挽留客户',
      '110':'一般价值客户',
      '100':'一般发展客户',
      '010':'一般保持客户',
      '000':'一般挽留客户',
    }
    # RFM 字符串数据映射成对应类型文字
    data_rfm['data_rfm'] = data_rfm['data_rfm'].map(dic)
    data_rfm
Out[]:
```

	Customer ID	R_high-low	F_high-low	M_high-low	data_rfm
38627	AA-10315	0	1	1	重要保持客户
42095	AA-10375	0	1	1	重要保持客户
17810	AA-10480	1	1	1	重要价值客户
19571	AA-10645	0	1	1	重要保持客户
48868	AA-315	0	1	0	一般保持客户
...	...	...	...	...	...
37013	YS-21880	0	0	1	重要挽留客户
22572	ZC-11910	1	0	0	一般发展客户
47385	ZC-21910	0	0	1	重要挽留客户
47393	ZD-11925	0	0	0	一般挽留客户
50257	ZD-21925	0	0	1	重要挽留客户

1511 rows × 5 columns

代码解析：为便于数据观察，首先提取部分列数据；然后根据 8 种不同的高低值组合，逐一将它们与对应的文字描述映射成字典中的键值对；最后在数据的末尾添加一个名为 data_rfm 的新列。

现在已经为所有客户设置好 RFM 标签。接下来，观察 2014 年不同类型客户的占比情况。以下是相应的代码示例。

```
In []:
```

```
    data_rfm["data_rfm"]
    size = data_rfm.groupby(by='data_rfm').size()
    size = size.to_frame()
    size['rfm_pct'] = ["%.2f%%"%(i/sum(size.values) * 100) for i in size.
values]
    size
Out[]:
                  0     rfm_pct
  data_rfm
一般价值客户     197    13.04%
一般保持客户      68     4.50%
一般发展客户     222    14.69%
一般挽留客户      74     4.90%
重要价值客户     203    13.43%
重要保持客户     246    16.28%
重要发展客户     213    14.10%
重要挽留客户     288    19.06%
```

4.3.5 案例结论

在任何商业环境中，通常都会存在着二八法则的规律。例如，有可能有20%的客户为公司带来80%的利润。在上文中，已经利用RFM模型对客户进行了分类，现在根据客户对平台的贡献度进行排序：

一般挽留客户 → 一般发展客户 → 一般保持客户 → 一般价值客户 → 重要挽留客户 → 重要发展客户 → 重要保持客户 → 重要价值客户

当一个客户第一次流入电商平台时，通常会经历从注册到浏览，再到购买小额商品的过程。客户通过多次消费行为逐渐累积对平台的信任，最终成为平台的重要价值客户。相反，如果平台的服务体验较差，重要价值客户也有可能减少购买量甚至流失。因此，无论采取何种营销策略，其目的都是促使客户从一般挽留客户逐步转换为重要价值客户，同时减少重要价值客户向一般挽留客户的转换，从而实现平台客户的积累。

针对处于不同阶段的客户，应该根据客户的特性制定不同的策略。下面对每组客户的特性进行分析。

(1) 一般挽留客户：这类客户的 R、F、M 三个值都较低，表明他们已经处于流失的状态。对于这些客户，召回的成本通常会比较高，因为他们已经长时间没有在平台上有任何活动，甚至可能已经卸载应用。因此，通常只会在特定的大型活动中采取全面的短信、广告和推送召回，如双十一、黑色星期五等大型购物狂欢节，或者公司进入新阶段，大量资金用于客户新增，如“瓜分5个亿”“无上限砍价”等活动。

(2) 一般发展客户：这类客户虽然有近期的购买行为，但购买的商品利润较低且不活跃。一般分为两种类型，一种是刚注册的客户，另一种是由于体验感较差接近流失的客户。对于刚注册的用户，通常会采取“新人大礼包”等优惠措施，尽量覆盖平台上不同的商品品类，提高新客户对平台产品的了解。对于接近流失的客户，应该从客服、物流等多个角度追溯客户过去的不满意原因，并进一步完善平台。

(3) 一般保持客户：这类客户频繁浏览，但很长时间没有进行交易。针对这类客户，通常会结合客户最近浏览的商品进行相关优惠推送，促进客户的交易行为。

(4) 一般价值客户：这类客户已经养成在平台上购买商品的习惯，但购买的商品价格较低，利润也较低。针对这类客户，应该进一步分析，确定是购买力较低还是购买大额商品时有其他习惯。对于前者，通常不需要采取特别的措施；而对于后者，则应时刻注意客户的浏览商品动向，及时提供优惠政策。

(5) 重要挽留客户：这类客户消费金额较高，但购买频次较低，且已经很长时间没有进行消费。这类客户曾经是平台的忠实客户，为平台带来较大的利润。然而，他们很可能即将流失，因此应该重点挽留。可以通过加强客户关怀、主动沟通、建立平台形象等方式来挽留客户，同时解决客户的不满意，并提供优惠补偿。

(6) 重要发展客户：这类客户最近有消费，消费金额较高，但购买频次不高。这类客户具有一定的购买力，应该重点维护，提升他们在消费中的体验感，例如，提供“运费险”等附加增值服务。

(7) 重要保持客户：这类客户最近一次消费时间较久远，但消费金额和频次较高。这类客户通常有网购习惯，但最近很长时间没有在平台上消费，可能已经流向其他平台。因此，这类客户具有很大的潜力，必须重点发展。应密切关注竞品活动，并制定合理的方案。

(8) 重要价值客户：这类客户的 R、F、M 三个值都很高，是平台需要重点维护的客户。平台应确保服务质量，保持客户在平台上的购物体验。

通过对不同客户的行为分析，综合案例结果可知，该平台的重要价值客户占总体比例的 17.54%，这意味着公司已经积累一批优质客户，这一比例相对乐观。然而，28.86%的重要保持客户需要引起特别关注，因为这部分客户曾经购买频繁且消费金额较高，但近期没有交易行为，可能存在流失倾向。另外，一般发展用户占据总体的 27.33%，显示平台在吸引新客户方面的表现尚可，但其他类型客户的比例较低。综合数据显示，该平台整体已经进入客户流失阶段，客户的整体活跃度有所降低，因此需要着重维护现有忠诚客户，并将精力投入到新客户向重要价值客户的转换上。

4.3.6 小结

本项目充分展现了数据分析在电子商务运营管理中的关键作用。通过采用 RFM 模型对客户价值进行细致的标记与分析，项目揭示了不同价值客户群体的具体分布情况，为电商企业制定精准的营销战略和客户关系维护计划提供了坚实的数据支撑。深度挖掘并分析 4 年间的销售数据，项目不仅识别出销售增长率、地区销售差异、销售季节性波动、新旧客户比例以及客户价值等关键运营指标,还基于这些洞察提出有针对性的优化建议和未来策略。

通过此次分析,电商企业能够更加精确地了解市场动态和客户需求,进而采取更为有效的市场定位和客户服务策略,提升运营效率和客户满意度。这种依托于数据的决策支持机制,不仅增强了企业对市场竞争的应对能力,还为实现业务的持续增长和优化客户体验铺平了道路。总之,本项目凸显出数据驱动策略在电商领域中的重要性,为企业持续发展提供科学、系统的分析方法和实施方案。

习　　题

(1) 描述如何利用电商销售数据分析来优化库存管理和制定个性化营销策略。

(2) 讨论如何通过分析电商平台上的用户行为数据来识别潜在的顾客流失风险,并提出相应的策略以增强用户黏性。

(3) 解释如何利用在线评价数据来监控和改进电商平台上销售产品的质量。

(4) 描述如何评估电商广告投放的效果,并讨论基于数据分析结果的优化策略。

(5) 讨论社交媒体数据如何被用于电商策略制定,并给出具体的应用实例。

(6) 解释用户画像的概念,并讨论如何通过电商平台的大数据分析构建用户画像,以及其在个性化推荐系统中的应用。

(7) 描述如何利用数据分析技术进行电商平台的用户留存分析,并解释这种分析对业务增长的重要性。

(8) 讨论如何通过数据分析改善电商平台的搜索引擎优化(SEO),并说明这对提高网站流量的重要性。

(9) 描述如何使用大数据分析来制定和优化电商平台的价格策略,并讨论其对销售和利润的潜在影响。

(10) 讨论电商平台如何利用数据分析进行顾客细分,并解释目标营销策略在电商业务中的作用和优势。

(11) 探讨在跨境电商领域中,数据分析面临的主要挑战及其解决方案。

第5章

物流大数据分析案例

5.1 运输路线优化

5.1-1
视频讲解

5.1.1 案例背景

随着全球化贸易的发展和电子商务的兴起,物流行业迎来前所未有的发展机遇。然而,这一增长同时伴随着运营效率、成本控制、环境可持续性等方面的挑战。

某物流公司需要为其客户提供快速、准时、低成本的商品配送服务,拥有多个仓库和多个配送中心,每个仓库和配送中心之间有一定的运输成本和时间,每个配送中心有一定数量的车辆,每辆车有一定的载重量和行驶速度,每个客户有一定的商品需求量和送达时间窗,即客户只能在规定的时间范围内接收商品。该平台的目标是在满足客户需求的前提下,安排合理的仓库选择、配送中心分配和车辆行驶路线,使得总的运输成本和总的行驶时间最小,从而提高客户满意度和行业竞争力。

该项目属于车辆路径问题(Vehicle Routing Problem,VRP)。为了解决该问题,该公司决定采用两种基于智能算法的方法,分别是遗传算法(Genetic Algorithm,GA)和蚁群优化算法(Ant Colony Optimization,ACO)。这两种算法都是模拟自然界中生物的进化或行为的启发式算法,具有较强的全局搜索能力和自适应能力,能够在较短的时间内找到问题的较优解或近似最优解。

遗传算法是模拟自然选择和遗传机制的一种算法,它通过对一组可行解(称为个体)进行复制、交叉和变异等操作,产生新的一组可行解(称为子代),并根据适应度函数(即目标函数)进行选择,保留较优的个体,淘汰较差的个体,从而实现优良基因的传承和累积,逐渐逼近最优解。

蚁群优化算法是模拟蚂蚁在寻找食物过程中的信息交流和协作的一种算法,它通过对一组可行解(称为蚂蚁)进行迭代式的搜索,利用信息素的正反馈机制,增强优良解的搜索概率,减弱劣质解的搜索概率,从而实现全局最优解的搜索。

5.1.2 数据集介绍

假定物流公司需要从配送中心送货到4个不同的客户地点,然后返回配送中心。地点间的距离以矩阵形式给出,其中,矩阵的每个元素代表相应地点间的距离(单位:km)。为简化问题,假设距离矩阵是对称的,即从地点A到地点B的距离等于从地点B到地点A的距离。

以下是一个示例距离矩阵,如表5.1所示,其中包含1个配送中心(0号点)和4个客户地点(1~4号点)。

表5.1 配送地点距离矩阵

	0号点	1号点	2号点	3号点	4号点
0号点	0	10	15	20	25
1号点	10	0	35	25	30
2号点	15	35	0	30	20
3号点	20	25	30	0	18
4号点	25	30	20	18	0

5.1.3 分析过程与代码实现

1. 遗传算法代码实现

用于解决物流路线优化问题的遗传算法是一种基于生物进化理论的优化方法,通过模拟生物进化过程中的选择、交叉和变异等操作来搜索最优解。其目标是找到一条最优的路线,使得经过所有城市后的总行驶距离最短。

首先,定义遗传算法的参数,包括种群大小、精英个体数量、变异率和迭代次数等。然后,定义一系列操作,包括创建随机路线、初始化种群、评估种群中每条路线的适应度(即总行驶距离)、选择优秀个体、交叉配对、变异等。接着,通过运行遗传算法,生成一系列代的种群,并根据总行驶距离对种群进行排序和筛选,逐步迭代直到达到指定的迭代次数。之后,返回找到的最优路线及其对应的总行驶距离。最后,基于具体案例,通过给定的距离矩阵和参数设置,运行遗传算法找到最优的路线,并输出最优路线和总行驶距离。具体代码如下。

```
In[]:
    import numpy as np
    import random
    class GeneticAlgorithm:
        """遗传算法求解物流路线优化问题"""
        def __init__(self, distance_matrix, pop_size, elite_size,
mutation_rate, generations):
```

```
        """
        distance_matrix:距离矩阵
        pop_size:种群大小
        elite_size:精英个体数量
        mutation_rate:变异率
        generations:迭代代数
        """
        self.distance_matrix = distance_matrix
        self.pop_size = pop_size
        self.elite_size = elite_size
        self.mutation_rate = mutation_rate
        self.generations = generations
    def  create_route(self):
        """创建一个随机路线"""
        route = list(range(1, len(self.distance_matrix)))
        random.shuffle(route)
        route.insert(0, 0)
        route.append(0)
        return route
    def  initial_population(self):
        """初始化种群"""
        population = []
        for _ in range(self.pop_size):
            population.append(self.create_route())
        return population
    def  route_distance(self, route):
        """计算路线的总距离"""
        distance = 0
        for i in range(len(route) - 1):
            distance += self.distance_matrix[route[i]][route[i+1]]
        return distance
    def  rank_routes(self, population):
        """评估种群,根据路线总距离排序"""
        fitness_results = {}
        for i in range(len(population)):
            fitness_results[i] = self.route_distance(population[i])
        return sorted(fitness_results.items(), key=lambda x: x[1])
    def  selection(self, ranked_population):
        """选择(轮盘赌算法)"""
        selection_results = []
```

```
            df = sum([1 / (item[1] + 1) for item in ranked_population])
            probabilities = [1 / (ranked_population[i][1] + 1) / df for i in
range(len(ranked_population))]
            cum_sum = np.cumsum(probabilities)
            for i in range(self.elite_size):
                selection_results.append(ranked_population[i][0])
            for _ in range(len(ranked_population) - self.elite_size):
                pick = random.random()
                for i in range(len(ranked_population)):
                    if pick <= cum_sum[i]:
                        selection_results.append(ranked_population[i][0])
                        break
            return selection_results
        def  mating_pool(self, population, selection_results):
            """创建交叉配对池"""
            pool = []
            for i in range(len(selection_results)):
                index = selection_results[i]
                pool.append(population[index])
            return pool
        def  breed(self, parent1, parent2):
            """交叉(配对)"""
            child = []
            childP1 = []
            childP2 = []
            geneA = int(random.random() * len(parent1))
            geneB = int(random.random() * len(parent1))
            start_gene = min(geneA, geneB)
            end_gene = max(geneA, geneB)
            for i in range(start_gene, end_gene):
                childP1.append(parent1[i])
            childP2 = [item for item in parent2 if item not in childP1]
            child = childP1 + childP2
            child.insert(0, 0)
            child.append(0)
            return child
        def  mutate(self, individual):
            """变异"""
            for swapped in range(1, len(individual) - 1):
                if(random.random() < self.mutation_rate):
```

```
                swapWith = int(random.random() * len(individual))

                if swapWith == 0 or swapWith == len(individual) - 1:
                    continue

                individual[swapped], individual[swapWith] = individual
[swapWith], individual[swapped]
        return individual
    def  next_generation(self, current_gen):
        """生成下一代"""
        ranked_pop = self.rank_routes(current_gen)
        selection_results = self.selection(ranked_pop)
        pool = self.mating_pool(current_gen, selection_results)
        children = []
        length = len(pool) - self.elite_size
        for i in range(self.elite_size):
            children.append(pool[i])
        for i in range(length):
            child = self.breed(pool[i], pool[len(pool) - i - 1])
            children.append(self.mutate(child))
        return children
    def  run(self):
        """运行遗传算法"""
        population = self.initial_population()
        for _ in range(self.generations):
            population = self.next_generation(population)
        best_route_index = self.rank_routes(population)[0][0]
        best_route = population[best_route_index]
        return best_route, self.route_distance(best_route)
In[]:
# 距离矩阵
distance_matrix = np.array([
    [0, 10, 15, 20, 25],
    [10, 0, 35, 25, 30],
    [15, 35, 0, 30, 20],
    [20, 25, 30, 0, 18],
    [25, 30, 20, 18, 0]
])
# 参数设置
ga = GeneticAlgorithm(distance_matrix=distance_matrix, pop_size=100,
```

```
elite_size=20, mutation_rate=0.01, generations=500)
    # 运行遗传算法
    best_route, best_distance = ga.run()
    print(f"最优路线: {best_route}\n总行驶距离: {best_distance}")
    Out[]:
    最优路线: [0, 2, 4, 3, 1, 0]
    总行驶距离: 88
```

遗传算法的运行结果会因随机性而有所不同,但它应能找到一条相对较短的路径,满足从配送中心出发,访问所有客户地点后返回配送中心的要求。

这意味着算法找到一条总行驶距离为88km的配送路线。请注意,由于遗传算法的随机性,每次运行得到的最优路线和最短距离可能会有所不同。

2. 蚁群优化算法代码实现

5.1-2 视频讲解

蚁群优化算法模拟蚂蚁在寻找食物时的行为。算法首先初始化一些蚂蚁,并在每次迭代中让这些蚂蚁通过路径选择策略逐步探索路径。在路径选择时,蚂蚁倾向于选择信息素浓度高、距离较短的路径,这种选择策略既考虑信息素的吸引力,也考虑路径的实际距离。

在每次迭代后,算法根据蚂蚁的搜索结果更新信息素浓度,并根据信息素的更新来调整蚂蚁的路径选择策略。通过不断迭代和信息素的更新,算法最终能够找到一条较优的路径,即最短路径,以及对应的总行驶距离。

通过给定的距离矩阵和算法参数,初始化蚁群优化算法,并运行该算法以求解问题。最终输出找到的最短路径和对应的总行驶距离。具体代码如下。

```
In[]:
    import numpy as np
    class AntColonyOptimizer:
        def  __init__(self, distances, n_ants, n_iterations, decay, alpha=
1, beta=2):
            """
            初始化蚁群优化算法
            distances: 距离矩阵
            pheromone: 信息素矩阵
            all_inds: 所有节点的索引列表
            n_ants: 蚂蚁数量
            n_iterations: 迭代次数
            decay: 信息素衰减率
            alpha: 信息素重要程度因子
            beta: 距离重要程度因子
            """
```

```
        self.distances = distances
        self.pheromone = np.ones(self.distances.shape) / len(distances)
        self.all_inds = range(len(distances))
        self.n_ants = n_ants
        self.n_iterations = n_iterations
        self.decay = decay
        self.alpha = alpha
        self.beta = beta
    def  run(self):
        """执行蚁群优化算法"""
        shortest_path = None
        best_cost = float('inf')
        for _ in range(self.n_iterations):
            all_paths = self.gen_all_paths()
            self.spread_pheromone(all_paths)
            shortest_path, best_cost = min(all_paths, key= lambda x: x
[1], default= (None, float('inf')))
            self.pheromone * = self.decay
        return shortest_path, best_cost
    def  gen_all_paths(self):
        """生成所有蚂蚁的路径"""
        all_paths = []
        for _ in range(self.n_ants):
            path = [0]
            while len(path) < len(self.distances):
                move = self.pick_move(path[-1], path)
                path.append(move)
            path.append(0) # 返回起点
            all_paths.append((path, self.path_cost(path)))
        return all_paths
    def  path_cost(self, path):
        """计算给定路径的总成本,即路径上所有边的距离之和"""
        return sum([self.distances[path[i], path[i+1]] for i in range
(len(path)-1)])
    def  pick_move(self, current, visited):
        """基于当前节点的信息素浓度和距离,以概率方式选择下一个节点"""
        probs = self.pheromone[current] ** self.alpha * ((1.0 / self.
distances[current]) ** self.beta)
        probs[visited] = 0
        probs /= probs.sum()
```

```
            next_move = np.random.choice(self.all_inds, 1, p=probs)[0]
            return next_move
        def  spread_pheromone(self, all_paths):
            """根据找到的所有路径更新信息素浓度"""
            for path, cost in all_paths:
                for move in range(len(path)-1):
                    self.pheromone[path[move], path[move+1]] += 1.0 / cost
    In[]:
    # 距离矩阵
    distances = np.array([
        [0, 10, 15, 20, 25],
        [10, 0, 35, 25, 30],
        [15, 35, 0, 30, 20],
        [20, 25, 30, 0, 18],
        [25, 30, 20, 18, 0]
    ])
    # 初始化并运行蚁群优化算法
    aco = AntColonyOptimizer(distances, n_ants=5, n_iterations=100, decay
=0.95, alpha=1, beta=2)
    shortest_path, best_cost = aco.run()
    print(f"最短路径: {shortest_path}\n总行驶距离: {best_cost}")
Out[]:
    最短路径: [0, 2, 4, 3, 1, 0]
    总行驶距离: 88
```

由于算法中存在随机性,每次运行结果可能不同。这意味着蚁群优化算法找到一条总行驶距离为88km的最短路径,该路径覆盖从配送中心出发,访问所有客户地点一次后返回配送中心的要求。

5.1.4 小结

在本案例中,通过遗传算法,成功地解决了一家物流公司面临的配送路线优化挑战。这不仅极大地提升了配送的效率,还在显著降低运输成本方面取得突破。此项目案例充分展示了遗传算法在处理复杂的优化问题上的出色表现,为物流领域的数据分析和优化工作提供了极具价值的参考。

此外,还采用蚁群优化算法来进一步解决路线优化的问题,成功地确定最短的配送路径。这不仅最小化了总行驶距离,也显著提高了整体物流效率。这个案例证明启发式算法在解决实际物流问题中的巨大潜力,为物流数据分析和车队管理提供了一种高效的解决方案。

5.2　智能仓库管理

5.2
视频讲解

5.2.1　案例背景

随着全球电子商务的迅猛发展，物流行业正经历前所未有的转型，其中，智能仓库管理系统成为提升效率、降低成本、增强客户满意度的关键技术。智能仓库利用自动化设备和先进的信息技术，实现货物的快速入库、存储、拣选和出库，以应对日益增长的订单处理需求。

尽管智能仓库带来诸多好处，但也面临着不少挑战。其中之一便是如何高效地管理庞大的仓库数据，包括货物的种类、体积、重量、存取频率等，以及如何基于这些数据做出快速准确的决策，如货物的最佳存储位置、存储策略的优化等。这些决策直接关系到仓库的运营效率和成本控制。

机器学习技术中的决策树和随机森林算法，为智能仓库管理提供了强大的数据分析能力。通过分析历史数据，这些算法可以预测货物的最佳存储区域，甚至预测未来的库存需求，从而指导仓库布局优化、库存管理和订单处理等决策过程。

5.2.2　数据集介绍

本案例构建一个模拟的数据集，包含若干条货物记录，每条记录包括货物类型(Product_Type)、体积(Volume)、重量(Weight)、到达仓库时是星期几(Arrival_Weekday)、周转率(Turnover_Rate)等特征，以及货物实际存储的仓库区域(Warehouse_Section)。这个数据集旨在模拟真实的仓库运营情况，为算法提供训练和测试的基础。

5.2.3　分析过程与代码实现

1. 导入工具库及模拟数据集

通过函数 generate_dataset()生成一个包含 30 条记录的数据集。该数据集用于模拟货物的属性和仓库的管理情况。在生成数据集时，首先设定货物类型、到达时是星期几和仓库区域的取值范围，分别表示货物的种类、到达仓库的时间和存放在仓库的区域。然后，通过循环生成指定数量的记录，并在每次循环中随机选择货物类型、到达时是星期几，根据货物类型分配体积、重量，根据体积和重量分配仓库区域，并随机生成周转率。之后，将每次生成的记录以字典的形式添加到数据集中，并返回生成的数据集。最终，将数据集转换为 Pandas 的 DataFrame 格式，并输出。

这样生成的数据集可以用于模拟和分析货物的属性、到达时间以及仓库的管理情况，有助于进行物流规划、仓库管理等相关工作的研究和实践。具体代码如下。

```
In[]:
    import random
```

```
import pandas as pd
# 设定货物类型、到达时是星期几和仓库区域的取值
product_types = ['A', 'B', 'C', 'D', 'E']
arrival_weekdays = [1, 2, 3, 4, 5, 6, 7]
warehouse_sections = ['Section_1', 'Section_2', 'Section_3']
# 生成数据集的函数
def generate_dataset(num_records):
    dataset = []
    # 遍历生成指定数量的记录
    for _ in range(num_records):
        # 随机选择货物类型
        product_type = random.choice(product_types)
        # 根据货物类型分配体积和重量
        if product_type in ['A', 'B']:
            volume = round(random.uniform(10, 20), 2)
            weight = round(random.uniform(5, 10), 2)
        elif product_type in ['C', 'D']:
            volume = round(random.uniform(15, 40), 2)
            weight = round(random.uniform(8, 20), 2)
        else:
            volume = round(random.uniform(35, 60), 2)
            weight = round(random.uniform(15, 30), 2)
        # 随机选择到达时是星期几
        arrival_weekday = random.choice(arrival_weekdays)
        # 根据体积和重量分配仓库区域
        if volume < 25 and weight < 15:
            warehouse_section = 'Section_1'
        elif volume < 45 and weight < 25:
            warehouse_section = 'Section_2'
        else:
            warehouse_section = 'Section_3'
        # 随机生成周转率
        turnover_rate = round(random.uniform(0.3, 1.0), 2)
        # 将记录添加到数据集中
        dataset.append({
            'Product_Type': product_type,
            'Volume': volume,
            'Weight': weight,
            'Arrival_Weekday': arrival_weekday,
            'Turnover_Rate': turnover_rate,
```

```
            'Warehouse_Section': warehouse_section
        })
    return dataset
# 生成 30 条记录的数据集
dataset = generate_dataset(30)
df = pd.DataFrame(dataset)
```

2. 数据预处理与特征工程

对数据集中的类别数据进行编码，并将数据集划分为训练集和测试集。首先，通过 LabelEncoder 对类别数据进行编码，将货物类型和仓库区域转换为数值类型，以便后续机器学习模型的处理。然后，使用 train_test_split()函数将数据集划分为训练集和测试集，其中，X 包含所有特征列(除目标列 Warehouse_Section)，y 包含目标列 Warehouse_Section。划分比例为 70%的数据用于训练，30%的数据用于测试，以 random_state 参数指定随机种子，确保划分结果的可重复性。具体代码如下。

```
In[]:
    from sklearn.model_selection import train_test_split
    from sklearn.preprocessing import LabelEncoder
    # 类别数据编码
    label_encoder = LabelEncoder()
    df['Product_Type'] = label_encoder.fit_transform(df['Product_Type'])
    df['Warehouse_Section'] = label_encoder.fit_transform(df['Warehouse_
Section'])
    # 划分数据集
    X = df.drop('Warehouse_Section', axis=1)
    y = df['Warehouse_Section']
    X_train, X_test, y_train, y_test = train_test_split(X, y, test_size=
0.3, random_state=42)
```

3. 模型训练与评估

训练决策树(Decision Tree)和随机森林(Random Forest)分类器，并评估它们在测试集上的准确率。首先，使用 DecisionTreeClassifier 类和 RandomForestClassifier 类分别实例化决策树模型和随机森林模型。在实例化时，可以通过参数设置来调整模型的一些配置，例如，决策树的随机状态 random_state 和随机森林中决策树的数量 n_estimators。然后，使用 fit()方法在训练集上训练两个模型，即决策树模型和随机森林模型。在训练过程中，模型会学习特征与目标之间的关系，以便后续对新数据进行预测。接下来，使用训练好的模型对测试集进行预测，得到决策树模型和随机森林模型在测试集上的预测结果 y_pred_dt 和 y_pred_rf。最后，使用 accuracy_score()函数计算决策树模型和随机森林模型在测试集上的准确率 accuracy_dt 和 accuracy_ rf,并通过 print()函数输出两个模型的准确率。具体代码如下。

```
In[]:
    from sklearn.tree import DecisionTreeClassifier
    from sklearn.ensemble import RandomForestClassifier
    from sklearn.metrics import accuracy_score
    # 训练决策树模型
    dt_model = DecisionTreeClassifier(random_state=42)
    dt_model.fit(X_train, y_train)
    y_pred_dt = dt_model.predict(X_test)
    accuracy_dt = accuracy_score(y_test, y_pred_dt)
    # 训练随机森林模型
    rf_model = RandomForestClassifier(n_estimators=100, random_state=42)
    rf_model.fit(X_train, y_train)
    y_pred_rf = rf_model.predict(X_test)
    accuracy_rf = accuracy_score(y_test, y_pred_rf)
    print(f"Decision Tree Accuracy: {accuracy_dt:.4f}")
    print(f"Random Forest Accuracy: {accuracy_rf:.4f}")
Out[]:
    Decision Tree Accuracy: 0.8889
    Random Forest Accuracy: 1.0000
```

由于数据产生中存在随机性,每次运行结果可能不同。这意味着运用机器学习技术中的决策树和随机森林算法,通过分析历史数据,可以预测货物的最佳存储区域,指导仓库布局优化等决策过程。

5.2.4 小结

本案例提供一个关于如何在智能仓库管理中应用决策树和随机森林算法的视角。它不仅展示了这些机器学习技术在提高仓库运营效率方面的潜力,也强调了在实际应用中需要考虑的挑战和解决策略。通过这个案例,可以获得宝贵的知识和经验,将有助于在未来的物流大数据项目中做出更多数据驱动的决策。

习　　题

(1) 描述物流数据分析的基本流程和关键技术,并讨论它们如何帮助提高物流效率和客户满意度。

(2) 讨论如何应用数据分析方法进行运输路径优化,并解释这对降低物流成本的潜在影响。

(3) 描述构建物流需求预测模型的关键步骤,并讨论其对于库存管理和供应链优化的作用。

（4）探讨如何使用数据分析提高物流服务质量，并说明这对增强客户满意度的重要性。

（5）讨论物流大数据在应急物流管理中的应用及其潜在的价值。

（6）描述物流行业智能化转型的主要方向和关键技术，并探讨其对行业发展的影响。

参考文献

[1] 周志华. 机器学习[M]. 北京：清华大学出版社，2016.

[2] 王衡军. 机器学习与深度学习[M]. 北京：清华大学出版社，2022.

[3] 鲁伟. 机器学习[M]. 北京：人民邮电出版社，2022.

[4] GOODFELLOW I, BENGIO Y, COURVILLE. 深度学习[M]. 北京：人民邮电出版社，2017.

[5] 唐四薪. Python 机器学习基础[M]. 北京：清华大学出版社，2022.

[6] 刘鹏，高中强. Python 金融数据挖掘与分析实战[M]. 北京：机械工业出版社，2021.

[7] 钟雪灵，侯昉，张红霞. Python 金融数据挖掘[M]. 北京：高等教育出版社，2020.

[8] 林子雨. 大数据导论[M]. 北京：人民邮电出版社，2020.

[9] LUCCI S, MUSA S M, KOPEC D. 人工智能[M]. 王斌，王书鑫，译. 3 版. 北京：人民邮电出版社，2023.

[10] 唐宇迪. Python 数据分析与机器学习实战[M]. 北京：人民邮电出版社，2019.

[11] 明日科技. Python 数据分析从入门到精通[M]. 北京：清华大学出版社，2021.

[12] 零一. Python 商业数据分析：零售和电子商务案例详解[M]. 北京：电子工业出版社，2021.

[13] 王国辉，李磊，冯春龙. Python 从入门到项目实践[M]. 长春：吉林大学出版社，2018.

图书资源支持

感谢您一直以来对清华版图书的支持和爱护。为了配合本书的使用，本书提供配套的资源，有需求的读者请扫描下方的"书圈"微信公众号二维码，在图书专区下载，也可以拨打电话或发送电子邮件咨询。

如果您在使用本书的过程中遇到了什么问题，或者有相关图书出版计划，也请您发邮件告诉我们，以便我们更好地为您服务。

我们的联系方式：

清华大学出版社计算机与信息分社网站：https://www.shuimushuhui.com/

地　　址：北京市海淀区双清路学研大厦 A 座 714

邮　　编：100084

电　　话：010-83470236　010-83470237

客服邮箱：2301891038@qq.com

QQ：2301891038（请写明您的单位和姓名）

资源下载：关注公众号"书圈"下载配套资源。

资源下载、样书申请

书圈

图书案例

清华计算机学堂

观看课程直播